朝永振一郎

プロメテウスの火

江沢洋 編

始まりの本

msz

プロメテウスの火◆目次

I　プロメテウスの火

II　原子力と科学者

III　科学技術と国策

I　プロメテウスの火

2

暗い日の感想

夢と物理

僕は若いころ、浮世離れした生活をしたいと思い、物理学を選んだのもある意味ではその気持の現われかも知れない。理論物理という学問は、昔は非常に俗離れした、あまり世の中と関係のないものとされていた。僕が理研へ行くことになって東京へ出て来たとき、上京した次の日曜日、上野公園へ見物に行ったついでに松坂屋で本を一冊買った。それはゴーギャンのタヒチ島を書いた綺麗な版画の挿絵のある本で、大変面白く読み、タヒチ島に行って生活したいというのが当時の僕の夢だった。この夢は今でもあるが、悟りきれない僕は今なお俗事で奔命に疲れている。放射能の灰が降る現在では、南の島の夢は破れるばかりである。

物理にばかり熱中していることができなくなり、いわゆる俗事に引張り出されて、否応なしに悩まされるようになったのは、仁科〔芳雄〕さんが死んでからである。どちらかといえば、自分の身の振り方とか、学問のありかたとか、そういう問題についてあまり責任のない時だったので、今から見ると呑気なものであった。それだけに仁科さんの死は僕にとって大きな打撃だった。

よく物理が好きかときかれるが、それほど好きそうでもないようだと思うことの方が多い。外国の物理学者を見ていると、ときどき異様な感じを受けることがある。食事をしてる時でも、酒を飲んでる時でも、すぐ物理のディスカッションを始め、紙と鉛筆を出して式を書き、まるで何か憑かれた人という感じで、こちらはとてもついて行けない。ドイツに行っていた時、同じ物理教室に来ていたインド人がクリスマスの休みにシュワルツワルドに独り遊びに行って、森の中の雪中で凍死した事件があった。非常に孤独な男で、ドイツ人たちとも親しめず、いっしょに映画を見たり、お茶をのんだりしたのはおそらく東洋人の僕だけだったようだ。それで僕も若いころだし、外国に来て淋しい気持だったので、このインド人の死からは非常にショックを受けた。ところが、学校が始まって第一回のゼミナールの時、ハイゼンベルクが、「今回は悲しいニュースがある。われわれの物理のメンバーの一人が山中で凍死した。非常に悲しい」という話が終ると、すぐ黒板に式を書き始めた。僕は雪の中で死んだインド人が一つの民族の運命を暗示しているような気がして、ひどく憂鬱だったので、この悲しい報告が終るとたんに物理学という非人情なものに瞬間的に移り変り得る人たちが、大変異様なものに見えた。僕など日本人の中では非人情な部類だと見られているようだが、外国人にくらべると、やはりだらしがないようである。

研究と責任

研究がよい結果を産むか悪い結果を産むかで躊躇することがある。やった結果がはじめから悪いとわかっているなら、やらないですませる。しかし、やらないために却って悪くなる見透しがあれば、やらないのは一種のサボ行為といえる。やることによって悪い方に使用されるという責任と、やらないことによって、もっと人間が幸福になれるのを妨げるという責任——この二つの責任を感じて、僕たちはハムレットのように悩む。

たとえば子どもにマッチを持たせると危険であるが、いつまでも持たせなければ野蛮人のようにマッチのつけ方も知らないものになる。ところでマッチをつけてみせると、早速とんでもないところに放火する心配ができる。子どもの場合はある程度教えることによって導くこともできるが、教育も受けつけない異常性格者がマッチを持ったらどうなるか。「第二の火」といわれる原子力に対しての物理学者の悩みはここにある。しかもその成否の鍵を原子物理学者が握っているような印象を世人は持っている。どこまでがわれわれの責任か——と、特に日本の場合、僕たちはいらいらとして来さえする。

原子物理学者が何でも知っているかのようにとんでもない質問を受けるが、知っていると思うのが間違いのもとである。「知らざるを知らずとする、これ知れるなり」と孔子がいっている。また原子物理学者の判断がすべて正しいと思ったら、これも間違いである。この二つの前提をおいての質問なら、物理学者も返答しやすいことだろう。

原子力にしても、これは単に物理学だけの問題ではない。むしろむつかしいのは技術の方にある。また原子炉をつくってエネルギーを取出すところまでは原子物理学者および技術者の問題の範囲だが、その出したエネルギーをどうするかは、経済と政治の問題で、これがさらにむつかしい問題である。人間の幸福のために使うか、不幸のために使うかは、自然科学者も人間の一人として関心をもたざるを得ないが、それは自然科学自体の問題ではないと思う。

大きなエネルギーが出て来た結果は第二の産業革命を招くであろう。ところでこれは物理学者が方程式を解いたり、九十いくつの元素の組合せで問題を解いていくよりも、さらに複雑怪奇な問題である。何しろ実験という有力な方法が用いられない。この難問題を科学的に処理する受入れ体制が日本の現状にあるかどうか、はなはだ心配である。政治や経済の問題に解答の出ないのも原子物理学者が資料を十分出していないからだという非難も聞くが、その資料提出に協力する気持はある。けれども資料を提出しても、こちらの希望や意見に答えるだけの意欲に燃えているだろうか。原子核研究所の経費は削減しても、原子炉予算を天下りさせるというちぐはぐは、われわれの協力が不足していたせいだろうか。

研究の方法

原子物理学者の行き方に三つの方法がある。第一は現在の事実には一切眼をつぶって、千年先のことを考えて純粋な研究をすること。第二は千年先の研究は抛って、現在のことに捲込まれ、正しいと考える主張を実現すべく己を無にして努力すること。第三はどっちつかずの立場で、適当に研究もし、現実の問題にも捲込まれない程度にタッチする。

僕などは率直にいって、第一の方法が一番好きなのだが、止むを得ず第三の方法によっている。タヒチ島に行くのも諦めて、委員長などを引受け、学術会議に出て報告をしたり、議会に呼ばれて意見なるものを聴取されたり、何だかからまわりをしているような気がする。そして仁科さんのことを思い浮べる。仁科さんの対社会的な生き方がその努力に比して、結果においてはいかに無力であったか——これは何百年先のことを考えれば無駄ではなかったと思うが——悪戦苦闘の末を見ると、深い疑いを持たされる。

泥まみれになって戦う意義は認めるけれど、近頃の不愉快な実例を見ていると、やはり先の第一の行き方が一番純粋で力強い気持がする。そうは思っても非人情になり切れない僕の弱さがある。本当の人情は、ある面からいえば、非人情に徹するところから産まれると思う。ゴーギャンがタヒチ島へ行っての仕事が多くの人に喜びを与えたように、自分自身の喜びが他の人をも喜ばせる仕事が一番理想的なものであると思うのだが……。

原子力時代

原子力の悪用の害悪はあまりにも大きい。その発見は、人類の進歩のため喜ぶべきだと、何とかして考えたい。しかし、アナロジーを持って来るのは非科学的かも知れないが、動物の進化の法則も必ずしも合目的ではないようだ。巨大な大昔の爬虫類や、マンモスのグロテスクに曲った牙がよい例だ。自然界では、場合によっては滅びることを目的としているように見えるものがある。それは必要に迫られたというよりも、進化論学者から文句が出るだろうが、発展の法則それ自身が非合目的であるのかも知れない。これは自然科学も、人類の文明も含めていえることではないか。

従来の自然科学の発展は割合にコントロールが初めからあった。第一回の産業革命となった蒸気機関の発明も、ある国ではコントロールに当り種々問題を起したところもあるようだが、他の国では影響が徐々に来たので、穏やかな推移で何とか経過できた。意識的にやらないでも、自然の抵抗や反作用による復元力で、ある程度のコントロールがおのずから行なわれていたといえるかも知れない。けれども原子力の場合はその威力があまりにも巨大なので、その穏やかな推移が期待できるか疑問である。数百年後の楽観はできても、目前ははなはだ暗いといえる。

日本はあらゆる事柄が原子力時代からはるかに遠い状態にあるのではないか。物理学や技術のことではなく、日本という国の精神年齢十二歳という問題である。十二歳の人間が原子力を振りまわす危険さをよく反省する必要がある。

もし仮に二つの世界で原子力を兵器に使わない協定ができたとしても（なかなか困難であろうが）、次には熱い戦争・冷い戦争とは別の第三の戦争――経済的闘争が起ると思う。これは恐らく資本主義と社会主義の雌雄を決する激烈な競争になるであろうが、この間に挟まれた狭い国土の日本はどんな役割を担うことか、全く心配なことである。

勤勉な日本人がどこかの国からエネルギーと資材とをもらい、下請工場ということばは悪いが、その能力に相応しい報酬を得て、その勤勉さを提供して人類に奉仕し、己もつつましく生きて行く境地も、尊いものかもしれない。しかし、こうした生きかたは圧迫やおしつけでなく、公平という原則の上に行なわれるのでなければならない。世界国家というものが出来れば話は別かもしれないが、今の人間がそれほど合理的に、また人類愛に燃えているとはどうも考えられない。平静のときはよいとしても、競争となるとどんなことをやらかすかわからない。人間を信じ得ないのは悲しいが、全く日本の将来は楽観を許さない。

水爆実験

アメリカは水爆実験を強行した。放射能をおびたマグロや雨に悩まされているが、あの爆発が及ぼす影響について実験をやった方がどれだけのデータを持って、その上で行なったのだろうか、僕たちは何も知らされない。他国に迷惑をかけないというデータを知らせてくれての上なら、どこかの国が自国内で実験をやるのは仕方がないともいえるが、それだけの科学的なデータもなしにやったとすれば乱暴な話ではないかと思われる。雨だけに限っても、八万カウント（京都）とか、二万カウント（東京）の雨がどれだけの害毒があるのか、僕らが神経衰弱になって騒いでいるのか、あるいは必要以上に呑気でいるのか、今のところわかっていない。このようなあいまいな状態で公海を使用したことは、国際法というものからどうなるのだろうか。

日本にさえ影響があるのだから、原住民はさらに深刻であろう。場所は彼等の故郷であり、住んでいる島がなくなり飲む水が汚染し食べる魚が有毒となり、絶望的な状態が想像される。福竜丸の人たち以上の打撃が考えられる。日本人は白人と違い原住民に近い生活をしているし、僕などタヒチ島に行きたいという、一種のノスタルジーをもっているのは、南洋の単純な生活をしている人たちに親近感をもつからである。だから彼等に同情する気持が痛切である。

昔、鉱毒事件というのがあってさわいだことがあったが、これは国内の問題であったので間もなくかたづいた。国と国との関係となると、国際法とか国際裁判とか国連とかがあっても、それらの権威はどの程度有力なのであろうか。

研究費

原子核研究所のシステムは日本の原子物理研究者の民主的に選ばれた代表者からできる協議会をつくり、そこで核研の進むべき方向をきめ、それに従って行く方針ができた。ところが、予算が全く削られたので、ようやく所長の予定者と教授の予定者が一人きまった程度で、まだ何も出来ていない。これからいろいろ問題があろうが、大体は研究者たちの気持に副ったものをつくり得るものと希望的観測をしている。原子力の研究の場合も原子核研究の場合と同じ行き方でゆけるかといえば、はじめの数年間はその行き方でと希望しているが、現実はそう甘くなさそうである。

原子力の問題には純粋の原子核研究ではなく、種々の応用面、応用経営面、さらに政治面というものが入って来る。そしてその場合、原子核研究者が純粋の研究者として、自由に意見が出せ、その最も能率よいと考えるやりかたで自由に研究を進め得るような見透しがあるかどうかが疑問となってくる。この研究面と他の面がうまく調和すればいいが、外部からのエフェクトが相当強くなって悪くふりまわされることも予期せねばならず、相当に暗い面もありそうだ。

悪用のおそれは誰でも心配するが、そのほかに現実的にいって予算の削減がある。初年度には何とかやっても、二年度、三年度はどうなるか。一応約束通り出ると仮定してやろうというのだから、心細いことである。残念ながら政治家に信頼がおけないこと、また政治家が学者を信頼しないことが、最大の障害である。

日本の学問の欠点は純粋な研究を役に立たないものときめこんで、機会を見ては無視したり、悪いときは圧迫したりする。これでは立派な研究は育たない。日本のような貧乏国ではすぐに役に立つ研究でなくては困るという考えもできるが、目前の安易な考えばかりでは、結局は日本のためにもならない。すぐ役に立たないものが日本にいっぱいあるではないかといいたい。一つだけいうと、ビルディングをやたらにたてるより住宅をたてた方がすぐ役に立つのではないか。

この間起った中谷宇吉郎氏の問題——アメリカ空軍の研究費をもらって、北大で研究するという考えにしても、問題は出すべき研究費さえ出さないで、外国にたよらざるを得ないようにしておく日本の為政者にある。現在、留学してる学者の留学費もほとんどの部分が外国からの支出である。そして、アメリカの場合、軍やＡＥＣ〔原子力委員会〕からの支出であるのが多い。ただし軍からの出費とはいえ、純粋の基礎研究もあって、必ずしも軍事研究とはいえない。中谷氏の場合、それが軍事的なものなら、もちろんはっきり断るべきだと思うが、そうでなくても、こういうことがたびかさなって、研究は外国から金をもらってでなくてはできないのがあたりまえというようになると、ことは重大である。乞食根性を一掃するためにも、為政者は学問に対する考えを改める必要がある。

僕はオッペンハイマーに二十世紀の人間の——特に自然科学的人間の——一つの典型を見たような気がする。彼は現代のファウストのように思われる。自然科学は何といってもメフィスト的な要素があって、彼はそれとけい約して、天上的なものと地上的なものとの間にさまよっているような印象を受ける。これは今世紀の人間全体の運命ではないだろうか。

彼の書いた「私は水爆完成をおくらせたか」（『中央公論』、六月号掲載）を読んだが、感じられることは、そのときどきで立場は変るけれど、その時における態度が異常にはっきりしていることである。はじめに超然と研究一本やりで、ラジオも聞かず新聞もよまない。それがスペインの内乱やドイツのナチスの暴虐に怒りを感じて突然政治に関心をもちはじめ、いろいろな運動に参加し共産主義者とも交わる。原爆を作ることに決まると全力をあげて専心する。水爆の計画が出ると徹底的に反対するが、大統領が決定声明をすると、反対の立場はとにかくとして客観的に計画を考えてみる。この態度がその時ではっきり違うという行き方が、日本人とは大変違うところがあって、彼の場合、単なる時流の低級な便乗者とちがって、良心的であればあるだけ、そして自己の職責を強く意識すればするだけ、そういう行動をとらざるを得ないのである。行動はすっぱりと割切れていて、単に時流に流されているのではない。絶対にハムレットみたいではないし、むしろ自ら進んで歴史の動きに働きかけようというのである。

この行き方の善悪は僕には判断できないが、また僕個人としてこんなに割切った強い行きかたは出来そうもないが、ここに良心的で純粋な科学者の一つの運命をみせられ、ひどく暗く淋しい気持にさせられた。このように傑出した科学者とても、そしてただ単に時流に流されているのではないのにかかわらず、その時流に超然などということは出来ないのはもちろんだが、自分で歴史に働きかけたと思った瞬間、今度は歴史によってどうにもならない目に合わされる。何かよくわからない巨大なものの手でいやおうなしに動かされて行く。オッペンハイマー自身は、自分の変貌を自分自身の進歩であると感じているようだが、東洋人の僕は何となく運命というようなことばを使いたくなる。心の弱いことである。

この事件はアメリカ自体のみならず、二十世紀の世界全体の矛盾、これから起るであろう人類の悲劇の一つの面を象徴的に示しているように、僕には思われる。

(『自然』一九五四年八月号に初出。『鏡のなかの世界』収録、みすず書房、一九六五)

人類と科学——畏怖と欲求の歴史

きょうはユネスコ民間運動の二十五周年記念講演をすることになりましたが、たいへん光栄に存じます。ここに「人類と科学」という題をつけましたけれども、題をつけてから考えてみますに、これは非常にむずかしい問題で、私自身としてもわからないことだらけなんでございます。けれども、とにかくユネスコのEがエデュケイションで、Sがサイエンス、Cがカルチャーとなっていて、科学というのが三本の柱の一つになっているという意味で、それが人類にとってどういう意味のものであろうかというようなことを、まとまりつかないままお話ししてみたいと思います。

第三の考えが必要

現在、科学というものは、われわれ人類にとって、人類の生活、あるいはその存続にまでかかわるものだという意味で昔と比べまして、その比重が格段に大きくなっているということはみなさんご承知のことと思います。

科学というものは非常に古くから人間の営みのなかに存在していたわけでありまして、いつのことかわかりませんけれども、歴史にもない、あるいは古墳や化石を掘ってもわからないようなそういう古い時代に、人類が火を手に入れたころに、すでにその萌芽があったと考えられるのであります。人類ももちろん生物の一つの種でありますけれども、人類以外のほかのどの生物もやらない営みの一つとして科学があるわけでございます。もちろん、ほかの生物がやらないことで、人類だけがやることはほかにいろいろございます。たとえば芸術であるとか、宗教であるとか、おそらく動物にはそういう考えはなかったんではないか。そういうわけで人類は生物の一つの種にすぎないにしましても、科学というものは他の生物に類例のない、その特徴の一つであるということがいえるかと思うのであります。

ちかごろでは科学が、さきほど申しましたように、われわれの生活、生存に非常に強い影響を与えますものですから、そういう影響面から科学の意味をさぐるという、そういう考え方がいちばんわかりやすいでありましょう。科学というものは、われわれの生活をより豊かにし、より苦しみの少ないものにする。そして病気であるとか、あるいは労働の苦痛であるというようなものをより少なくしてくれる。そういう意味で、非常にいいものであるという考え方がそこから出てくるわけでございます。けれども、そういう観点から科学の価値を評価いたしますと、逆の結論も出てくるように思われます。

つまり科学がなければ、こんなに悪いことは出なかったというようなことがあるということ、たとえば、さきほどユネスコのマウ事務局長のメッセージにありましたように、科学によって人類が非常に繁栄してきた一方、人類全部を滅ぼすような、そういうものが科学から生れてきた。そういうふうなことがございます。最近やかましくいわれます公害というようなものも、やはり科学がなかったならば、それもなかったということはたしかに事実であります。

したがって、人間に対する影響という点から科学の意味づけをいたしますと、科学はないほうがいい、という結論も出てくるわけです。しかし、科学というものの、われわれに対する意味は、はたしてそういうようにその影響だけで論じ得るものであろうか、ほかになにかがあるんではないかという、そういうことも考えてみなければならないと、私は思うのです。

言いかえますと、科学はいいものであるという第一の考え、あるいは科学は悪いものであるという第二の考えに対して、しかしそれだけの見方でかたづかないなにかの意味を科学はもっているのではないかという、そういう第三の考えがあっていいし、また必要であると私は考えるのであります。

古代の歴史からさぐる

それでは、科学のもつ第三の意味をさぐりますのにどういう方法があるか。一つの方法としては、いったいどういうことから科学というものが生れてきたかということ、それがどういうふうに現在まで続いてきているかというような歴史的な見方をして、そのなかから科学の第三の意味をさぐるということができるのではなかろうか、そういう感じを私はもつのであります。

さきほど申しましたように、人間が火を手にすることができるようになったというようなことが、たしかに科学につながる一つの大きなできごとであったわけでありますが、いまのことばでいいますと、それはエネルギーの一つの形態であるところの火を人間がコントロールできるようになったという点で、現代の科学や技術と大きな共通点があるわけです。

おそらく火というものは自然現象のなかに、たとえば火山の爆発とか、あるいは自然に起る山火事、あるいは雷が落ちてものが焼けるというような、そういう自然現象、しかもそれはどちらかというとおそろしい自然現象のなかにだけ存在したものを、人間が飼いならして、おそろしくない形で、欲しいときに欲しいだけ手に入れるというふうにコントロールするようになった。

それはたしかに非常に大きな技術であるといえると思うのであります。そうしてこのとき火をコントロールするというためには、人間が火についてのいろいろな性質を知っていなければならない。天然に起る落雷とか、山火事とか、火山の爆発というような、そういう危ないことでなしに、自分の住処の近くに火を起して、それを絶えないように、つないでゆくというためには、火というものの性質をよく知っていなければいけない。そういう点で現代の科学の営みの一つの基本的な特徴に通ずるものがある。われわれのまわりで起るいろいろな現象をよく知ろうということは、たしかに現在の科学のもっている大きな特徴なのであります。

そして、大昔の人類が火を利用することによって彼らの生活に大きなプラスを得たということはいうまでもないことでありますが、われわれの生活を豊かにするために火を用いるには、火そのものの性質を十分知っていなければいけない。どうすれば火が起るか、どうすればそれを絶やさないように燃やし続けることができるか、あるいは予想しない火が大きくなって危険になったときには、どうすればそれを消すことができるか。そのような科学的な知識があって、はじめて火をコントロールすることができる。

この場合に、火を用いて生活をよりよくしたいという動機が先にあって、そのために火についていろいろなことを知る必要が生じ、そこで火についての科学が進められたのか、あるいはその逆の順序で事が運ばれたのかは知るよしもありません。しかし、古い科学がいまの科学に引き継がれていきます過程に、あるいは近代の科学にまで成長してきます過程において、はたしてそのように人類の、われわれの生活に対する影響という観点からだけで、昔の人たちが科学を進め続けてきたのでありましょうか。

そのような点をよく調べますと、どうも必ずしもそうではないらしい。科学のうちでもっとも古く発達して、しかも現在の科学に非常に近いものとして天文学があげられます。私は物理学者ですから、科学ということばのなかにおのずから物理的な科学が頭に浮びやすいのですけれども、現代の特徴である技術と直接つながっている物理的科学の特徴は、それが非常に精密化され、数量化されているという点であります。その点で天文学は、古代の科学のなかで近代の科学にもっとも近いものとみられるかと思うのです。

天文学が対象とする天体の運動、たとえば恒星は、大雑把に見ると一日を周期にしてわれわれの頭上を回っているように見えるが、よく調べると、一日一日と少しずつずれて一年の周期で元に戻る。そういう恒星の周期運動に対して、惑星というのが非常に奇妙な、しかしこれまた周期性のある運動をしている。さらに月、太陽といったものですね。これがそれぞれ異なる周期で運動している。昔はもちろん地動説などはなくて、大地はじっとしていて星が回っているというふうに考えていたわけですけれども、とにかくその間に非常に不思議なことながら規則正しい繰返しがある。しかもその繰返しがいちばん単純なのは、恒星の運動でありますけれども、それに対して惑星の運動は非常に複雑な繰返しをやる。周期が一つではなくて、何種類もあるという認識、これが昔のバビロニア時代あたりに天文学者によってすでに知られていたといわれます。

これらは昔の人が火について、いろいろ知識を獲得して、それをコントロールするということ以上に、精密な、しかも時には数世代にもわたるような長い期間にわたっての星の位置の数量的観測を積み重ねることによってはじめてわかってくるような、そういう繰返しの規則がみつかってきたのです。火に関する科学というものは、おそらく口から口へ伝えられ、あるいは親から子へ、木をこすり合せて火が得られるとか、火が大きくなりすぎたら水をかけて消すといった知識が、見よう見まねのうちに伝えられたわけでありましょうけれども、天文の現象になりますと、そういうわけにはゆかない。観測によって得られた厖大なデータの集積は、とうてい口から口へと伝えることはできないわけです。

そこで、科学者という専門家が出てきたわけです。ここで科学の専門家があらわれるという点におきましても、天文学は近代科学に非常によく似ている。そしてこの専門家が研究の結果発見した天文の知識というものは、日常生活に役立てるというだけでありましたならば、それほど精密な知識はいらないというほど微に入り細をうがった高度のものになってきたのです。

つまり日常の生活のためには朝何時頃に太陽が出て、何時頃に西空に没するというような、あるいは月の周期は大体何日ぐらいであるとかという程度で十分であって、それほど精密なことは必要がないわけでありましょう。ところが紀元前何世紀という頃、天文学者はすでに非常に精密な知識をもっておりまして、月食がいつ起るか、あるいは日食がいつ起るかということまで、すでに予測することができた。彼らは日食や月食が起る日時を計算するためのある種の数学の計算法をすでに知っていたのです。しかしこういうことはわれわれの生活を豊かにする、あるいは便利にするという観点からいえば、それほど必要はなかったわけであります。

それでは、天文学者がここまで突っ込んだことを調べあげたのは、いったいなんのためであったか。私の考えでは、それは、宇宙には正確で微妙な法則があり、それを見出すということ自体が、彼らの大きな関心事であったのだろう。おそらく当時の人たちの自然に対する一つの考え方、すなわち自然は万物を創造し、それを支配したまう神様の営みのあらわれであり、その神様が非常に微妙な調和のある宇宙をおつくりになった、そのあらわれが天体運行の法則であるという、一種の宗教的な畏敬の念が当時の天文学者を天体の精密な観測にかりたてたのではないでしょうか。

そういうわけで科学というものは、ただわれわれの生活を良くする、悪くするという観点から、その意味を探るだけでなく、そういう自然法則に対して一種の畏敬の念をもつという、これまた動物のもっていない、人間特有のなにものかのあらわれが科学であって、そういうものとの関連において、科学が進んできたという古代の歴史のなかから科学の意味を探らねばならないのではないかと私には思われるのです。

人間特有の動機

ところで、人間の生活を別にそれによって豊かにするということもないのに、いったいそういう天文学者の営みを、どういう理由で古代の社会が支持してきたか。昔の火に関する知識というものは、別に人々の意識的な支持がなくても、暗黙のうちに誰でもがそれをよしとし、それを口から口へ伝えて、巧みに生活の知恵としてそれを使いこなしていたわけであります。ところで天文学のように、一般の素朴な人たちには、そこまでやらなくてもいいと思われるような、非常に神秘的にむずかしい計算などをして、日食や月食を予言する、そういう知識は一般の人たちにとってたしかになんのかかわりもないことです。しかしそれにもかかわらず、そういう役にも立たないけれども、なにかおそるべき、かつ神秘的な、たいへんな予言といいますか、そういうことができるという事実は、普通の人たちも、わからないながらも、なんとなく一種の宇宙の調和というような観点からして、ある種の魅力を感じたのではなかろうかと思うのであります。それが彼らが天文学者の作業に暗黙の支持を与えることになったのではなかろうか。

しかしながら、この天文学の研究というと、昔は昔ながらにいろいろな器具が必要であった。古い天文学に使った器具、東洋にも西洋にも、古い天文台の遺跡があちこちにございまして、私も中国へ行ったときに、そういうものを見てきたんですけれども、やはりある程度の設備が必要であります。その設備というのは、いまの天文学からみれば、素朴で、単純な機械でありますけれども、当時としてはそれほど簡単につくれるものではなかったと思われます。そういうものをつくろうといたしますと、これは個人の力では、おそらく当時もできなかったのではないか。そこで、王様であるとか、つまりその当時の権力をもっている人たちの力を借りる必要がある。

それではそういう権力者がなぜ、どういうわけで天文学を支持したか。天文学で星の運行がわかりますと、たしかにたとえば砂漠を旅行するときに、星を頼りに行動する、あるいは航海をするときに、星がその方向を示してくれる、あるいは時間を示してくれる。また農耕をやりますには暦が大いに役に立つ。そういうことで有利な結果はたくさんありましょうけれども、しかし何年先の日食、月食を予言するということは、実際の生活にたいした影響はないわけであります。日食、月食とかいうものは、昔の人は一種の天変地異と考えてかなりおそれをもっていたでしょうから、そういう現象を的確に予言するということは大きな驚きであったにちがいないでしょうけれども、それだけではそのときの権力をもった王様が、天文学者を優遇して、その研究を奨励するということは理解できない。その点について、ほんの思いつきで正しいかどうか自信はありませんが、私は次のように考えるのです。

まず考えられることは、昔どこの国でも、王様というものは、宇宙を創造したもうた神様から特別の資格を与えられて国を治めているのだという考えがあったわけです。そうであるならば、王様は宇宙の創造主の神をまつり、それを政治の中心にすえ、そして宇宙の法則をきわめて、神の意思にそむかないようにしなければならない。こういう考え方があって、そこから宗教、政治と結びついて天文学が奨励されたということは考え得ることでしょう。そして、王様とそれをめぐる人々の大きな驚きである日食や月食を予言できることは、まさに王様とそれをめぐる天文学者が人々が造物主からの特別の資格を与えられたことを証拠立てるものである、ということになるでしょう。こういう政治的な威信を示すものとして天文学が奨励されたと考えるのはそう無理な解釈ではないと私は思うのです。さらにまた、威信といったもののほかに、天文学に対して、もっと直接な利益の期待もあったかもしれません。すなわち天文学が何年も先の月食や日食を予言できるようなそういうものであるならば、いろいろなもっとほかのことも予言することが可能なのではなかろうか、と当時の王様その他の人が考えたのではなかろうか。

そういう王様にとって関心がありますのは、世の中が平和に治まるか、あるいは乱れるか、あるいはよその国が攻めてくるか、あるいは戦争をしたときに勝つか負けるか、というようなことでありましょう。ですから、それが星の動きのように予測されたならば、非常にいいわけです。それに応じまして、天文学者のなかにも、あるいは一般の人のなかにも、星の動きが地上の社会、あるいは個人の運命と関係があるのではなかろうかというような推測が生れてきたということは考えられることです。だからこそ、東西どちらにしましても、星占い、占星術はまじめに信じられ、そしてまじめに研究された時期があったわけです。

おそらくそういうことから、支配者たちは自国が乱れたりしないために、またよその国よりもより自分の国が強くなるために、そういう未来の予測というものがあれば、たしかにより有利であるという点で、大いに天文学を奨励し、それに援助を与えたのではなかろうかというふうに、私は素人考えながら思うわけです。

実際、天文学はそういう支持のもとに進歩してきたことも事実であります。有名なケプラーが、惑星の運動の法則をみつけ出す前に、非常に精密に星の運動を調べたティコ・ブラーエという天文学者がおります。ケプラーはその人のデータを使って、彼の三つの法則を発見し、それが有名なニュートンの仕事の前駆となったわけですが、このティコ・ブラーエという人は占星術の研究などもしており、したがって彼のもっていた厖大な星のデータは、それに用いるためのものだったかもしれません。そういうわけで、いまでは、星占いは迷信にすぎないと考えられるわけでありますけれども、まさにそのなかから天文学の進歩が出てきている。

ここでケプラーという学者の話がでてきましたが、この人は十六世紀の終り頃に生れた人です。ですから話は紀元前何世紀という時代から、ひと飛びに十七世紀に飛んだわけで、もちろんこの時代の人たちの考え方は太古の時代とは大きく変っております。太古の天文学者は星の運動があんなにも微妙な、かつ正確な法則に従っているのをみて、天地創造の神に対する畏敬の念にうたれただろうと申しましたが、十七世紀頃の人々の考え方は、神様中心からもっと人間中心に移りつつありました。したがってこの時代の科学者たちが自然のなかに隠れたつながり、脈絡、あるいは法則といってもいいが、それを探りあてたとき、彼らは創造主に対する畏敬の念のほかに、誰もが知らなかった自然の秘密を今こそ自分が知ったのだ、というしごく人間的な充足感を深く味わったにちがいありません。

このように、ものごとを知ることによってはじめて充足感を感ずるところの知的な渇望、そういう渇望はまさに他の動物に見られない人間的なものであって、これなくしては科学はあり得ないものでありましょうし、人間が科学という営みをする原動力はまさにこの渇望にあると私は考えるのです。もちろんこの知的渇望の充足が、造物主に対する畏敬の念に結びつく、あるいはそれの応用である技術につながることは、古代とかぎらずいつの時代にもあるでしょうが、古代の科学といえども、その根源には人間のこの人間的な特性が不可欠なものであったことはいうまでもないことでしょう。

このように見てきますと、科学というものは、知的渇望の充足、あるいは、ざっと見たのでは見えないようなところに隠れていた自然の調和を見出すことに喜びを感ずるという、そういう人間特有の動機がその根源にあるのだということになります。現にケプラーは貧窮のなかに餓死したと伝えられますが、報われることの少ない探究を、当時の古い権威によって無視され、いびられながらも、彼が続けたのを見ると、人間の知的な欲求というものがいかにその本性から発する根強いものであるかを痛感するのです。

私が科学というものの第三の見方といいましたのは、こういう人間の根源的な欲求との関連において科学をみなおすということなのです。

根拠のない楽観主義

しかしながら、それはそうだとしましても、実際の科学の歴史を振り返ってみますと、純粋な形で知的欲求を満すというだけで科学は歩んできたのではないことも事実です。太古の時代、支配者が天文学を支持したのは、そのなかになにか政治的に有利なものがあると考えたからでしょうし、またティコ・ブラーエがそうだったように、天文学者自身、天文学をつきつめていけば、あらゆることについて未来の予言ができるであろうといった、過大の期待に駆られて研究に精進した人もあったわけです。たしかに星占いから精密な惑星の運動が調べられたというのは歴史的な事実であるにしても、星の正確な運動を調べるのに、星占いが必要であったとは必ずしもいえない。自然に秘められた調和、あるいは法則をみつけようという動機が熱烈であれば、ケプラーの三つの法則を導き出すような精密な観測を、星占いを信じない人がやったということもあり得たことです。歴史がそうなっていなかったということはいえますけれども、もっと違った歴史が不可能であったとはいえません。

いずれにしましても、星占いというものをやがて天文学者も信じなくなりまして、天文学は科学の本道に立ち還った。ニュートンに至って、星の運行に関する天文学は、その本筋に完全に立ち戻ったといえるかと思います。

しかし、逆説的ではありますが、天文学が一時脇道にそれたということは、われわれにとって教訓的でもあるのです。すなわちこの歴史をみますと、ある科学がある事柄について非常にうまくゆき、みんなが驚くほど力を発揮する。そうしますと、ともすれば、科学と無縁の考え方によって、それを拡張的に解釈しまして、たとえば天文学のやり方を深めてゆけば、あらゆる現象も予言できるといったような飛躍した考え方に、人々が知らず知らずに引き込まれてしまう。そういうことは人間の社会で起りがちである、そういうことの一つの例であると思うのであります。とくにそれがその時期の社会の有力者の欲望からの希望的な考えとして、特定の科学の力を過信する、その結果、星占いのようなひずんだものが生れてきて、それが科学の名において長い間、人の心を支配する、そういうことがしばしば起りがちであるということが、この一つの例からみられるわけであります。

そこで私どもがこの歴史から学びますことは、ある科学が驚くべき成果をもたらして、そしてある点では、それがわれわれ人類にとって非常な幸福をもたらしたにしても、まったくなんの疑いももたずに、科学なるかな、科学なるかなといって、科学者もびっくりするような、妙なほうにその利益を期待してしまうと、非常にひずんだ考え方が出てくるのではなかろうかということです。現在、科学からいろいろ悪い影響が出てきているというのは、私の考えでは、科学に対するそのようなひずんだ考え方に源があるのではないかと思うのであります。

たとえば月の世界まで人間を送ることができるという時代になりまして、科学というものが、万能の力をもつというふうに現在みえるわけでありますが、もちろん月の世界に人間が行くということは、たしかに偉大なことでありますけれども、考えようによりましては、それはもっともやさしいことで――私は別にアポロ計画にケチをつけるためにいっているのではないけれども――、ある意味ではもっとも科学者にとってやさしいことだといえるのです。と申しますのは、科学の威力がもっとも発揮できるのは、ああいう仕事なのであります。

われわれは物体が運動するときに、ニュートンの運動の法則を知っております。そのニュートンの運動の法則によれば、あるものをある方向に向って、ある速度で投げれば、それがどういう軌道を通るかということはちゃんと計算できる。しかしながら実際は計算どおり、なかなかものが動いてくれない。それはなぜかというと、地上でそういうことをやりますと、摩擦とか空気の抵抗とかがありますし、あるいは空気のちょっとした動き、ちょっとした風が吹いても進路が変るからです。野球のピッチャーをやった経験がある方はおわかりでしょうが、カーブだの、ドロップだの、変な球を投げることができる。これは一見ニュートンの法則に従わないようにみえますが、やはり空気が存在するからであります。

ところが、ロケットをいったん宇宙空間に打ち上げて、空気のないところにゆきますと、あとは計算どおりに走ってくれる。ですから、ロケットでいちばんむずかしいところは――いろいろ技術的にむずかしいことはたくさんありましょうけれども、そういうロケットの運動という点で、いちばんむずかしいところは――、大気圏を突き抜けるまでと、大気圏に突入するときで、いったん大気圏を出ますと、あとは計算どおりにゆくわけです。また幸いに——かどうかわかりませんが——月には空気がありませんから、大気圏を出てから必要なら一、二回の軌道修正をやれば、月の思うところに驚くほど正確に着陸できるのです。

こういう成果をみまして、科学によって人間は月にさえ行けるのだから、その力によれば、何事でも地上の問題が解決できないはずはないというふうな一種の楽天的な見方が出てくるのももっともかもしれません。しかしこの地上の運動というのは、月へ行く宇宙空間の運動よりも、はるかに予測することの困難なことであります。昔の天文学が非常に古くから星の運動を予測できたというのも、星の運動が規則正しいからであり、そのことはこれがやはり真空中の運動であるということによるのであります。地球上のものを思いどおりに動かすというのは非常にむずかしい。ですから飛行機がときどき落っこったり、乱気流に乗ると処置がないというふうなことが起るわけです。

一見むずかしそうにみえることを科学がうまく処理できるのに、よりやさしくみえることが処理できないということは、非常にしばしば起ることです。そういうわけで非常にうまく成功した実例をみて、あんなむずかしいことに成功したのだから、こっちのやさしいことに成功しないはずはないという楽観主義が、実はやさしいことができてもむずかしいことはできないというふうにみなければいけないことを逆にみている、一種の錯覚であるということが、非常にしばしば起るのであります。

そういうわけで、いまいろいろ公害などの問題が出てまいりました一つの原因は、この種の錯覚にもとづくところの、根拠のない科学に対する楽天的な見方にあるんではないかというふうに思うわけです。公害が出たらそれを科学の力によって防げないはずはないという考えがそれです。それはおそらく時間をかければできないことはないかもしれません。けれども、いまの社会での科学の使われ方といいますのは、非常に複雑であります。すべての現象が絡み合っている。真空のなかにロケットを走らせる、宇宙船を走らせるというように理想的な状態にない。そもそも科学は、複雑な絡み合いのない理想的な現象から、あるいは絡み合っている現象をあるところでその絡み合いを切り捨てて理想にできるだけ近いものにすることによって、現象間の隠された脈絡を見つけるのが常であります。しかし、その切り捨て方がまちがっていて、切り捨ててならないものを切ってしまったとすれば、いくら精密科学で武装した論理をもち、コンピューターを使ってまちがいなく計算しても、その結果は正しくないということは起こり得るわけです。

科学の限界

現在、科学がいままでになく広い影響を社会に及ぼすようになった状況において、科学とわれわれ人間のかかわりあいというのは、非常に絡み合った環境あるいはシステムに、科学を適用しなければならないという事態になっている。たしかにそのとき用いられる個々の科学自体は、さきほどお話しした星占いのような怪しげなものではないでありましょうが、複雑なシステムをどう処理するかというところにまちがいがあれば、その結論も確かではないのです。

　複雑に絡み合ったシステムといいましたけれども、そういうシステムにおいては、たとえば一つの例として上げますが、超音速の飛行機を飛ばそうというような問題を取り上げても、これは飛行機だけの問題ではなくなってきます。もちろん超音速の飛行機を一つや二つ作って飛ばしてみるというようなことならば、その飛行機だけのことですむかもしれないけれども、これが実用になって、毎日何分間おきかにそれが発着陸するという事態になったときに、われわれにどのような影響を与えるかということになりますと、それを調べるために取り上げねばならないシステムは、非常に複雑なものになると思われます。

　飛行機だけの問題ではなく、それがどれぐらい酸素を消費するか、その排気がどれぐらい成層圏にたまるか、それが紫外線の量にどれぐらいひびくか、それが生物にどう影響するか、さらにそれが人の心理に、経済に、生活にどんな影響をもたらすかというようにいろいろなことの絡んだ、おそろしく複雑なシステムを調べなければならない。そのようなことを調べるには、物理学や工学だけでは不十分で、生物学、医学はもちろん、心理学、社会学、経済学などを総動員しなければならない。

　このようにわれわれは非常に複雑なシステムを問題にしなくてはならないが、複雑さに加えて、そこにはこれまで社会が不当にもその重要性を見すごし、したがって不十分な研究環境しか与えられずに細々としか育っていないような種類の科学が、たくさん含まれていることがあるわけです。

　科学というものは、私は物理学者のくせにこのようなことをいってはおかしいかもしれませんが、とくに精密科学というものは特殊な研究方法をもっています。一つは対象を数量化するということですが、ものには数量化できるものとできないものがある。そこで精密科学をやる人は数量化できることだけを取り上げて、それを深く掘り下げるということで、非常に急速にいろいろ驚くべき成果をおさめることができたのです。

ところで、この成果自体に文句はないとしても、それに驚嘆した人々のなかに、数量化こそ科学の力の源泉である、という早まった考えが生れ、その結果、数量化できない科学は不当に冷遇される傾向がでてきたのです。しかし、今の例でみましたように、われわれが取り上げねばならないシステムは、数量化できない各種の科学をそのなかに組み入れないと無意味な結論しか得られないようになっている。

もう一つ例をつけ加えておきましょう。皆さんもすでにご承知のように、今世紀の科学から発生した大問題の一つは核兵器の問題です。核兵器は現在人類を全滅してなおあり余る量が貯蔵され、量だけでなく、その破壊力と命中率を高める研究がなお進められているといわれます。このような事態で皆さんは一刻も早くこのような危険物を地球上からなくしてしまいたいと思っておられるにちがいありません。

しかしながら、核兵器を全廃する、あるいはさらにあらゆる軍備をこの世からなくするという協定も、協定破りをおそれる国と国との不信感のためになかなか実現されません。このような事態のもとで考え出され、またそれによって核兵器をもつことが正当化されている一つの理論があります。この理論は、世界の有力者中に少なからぬ信奉者をもっていますが、それが不信感をそのままにしておいても核兵器の存在によって戦争が抑止されるという考えです。この抑止という考えも、初期においてはしごく単純なものでありました。どの国も、うっかりどこかの国に戦争を仕掛ければ、相手国、あるいは利害を同じくするその同盟国から核兵器によって徹底的な仕返しを受ける心配がある。したがって戦争はうっかりはじめられない。そういうわけで核兵器の存在は戦争を抑止するだろう。これが抑止論の大筋です。

しかしこの考えですと、どの国よりもたくさんの強力な、精度のよい核兵器をもった国が一挙に大量の核兵器で、仕返しもなにもできないような先制攻撃をすることを抑止することはできません。その結果、どういうことになったかというと、どの国も、自分より強い力を他国にもたせないようにしなければ、先制的にやっつけられてしまうという心配から、相手より少しでもより多く、より強く、という限りない競争が起ることになってしまったのです。そこで、そういう競争が起らないようにして、しかも戦争を抑止することができるかどうか、ということが大きな問題となり、核戦力のバランスの理論がいろいろと考えられたのです。

実は、こういうバランスを保ちながらの抑止が可能であると言い出したのは、アメリカでもイギリスでも、物理学者たちであったのです。おそらくソ連や他の国でもそうだと思われますが、これらの物理学者は、核兵器と、それぞれどれかの国に属する人間とからなる一つのシステムを考え、そこに物理学がやるようなやり方を用いて、力のバランスの問題を解こうとしたのです。しかし、人間に対して物理学的な方法を用いるためには、人間の人間らしい多くの特質を切り捨ててしまって、ただ動物的な生きる本能と種族保存の本能だけに導かれて行動する一つのロボットのようなもの――そのなかのある者は核兵器を開発する知識をもつ――を人間の代用として想定せざるを得なかったのです。

この考え方のなかに私は、天文学的方法によってあらゆることの予測が可能であると信じた人たちのことを思い出します。自由意思をもつ人間、崇高で美しく、しかも時には恐ろしく残虐で醜くもなる、そういう人間というものをそのなかに含んでいるシステムを取り扱うのに、自然現象だけを含むシステムと同じ手法が使えるかどうか、使えるにしても、それによって得られる解答になんらかの限界があるのか、ないのか、そういうことをわれわれはまだ知らないのです。

むすび

以上述べましした例にみられますように、複雑に絡み合ったシステムを科学的に処理するには、まだまだわからないことが多いのです。そして、そういう困難な問題を解きほぐしていくためには個人の力ではどうにもならないことがたくさん含まれている。いまでは昔の科学者のように自分の専門にとじこもっていればそれでよろしいというのではなくなってしまいました。ほんとうに科学が人類の社会に貢献しようと思うならば、いろいろな専門の人たちが、場合によっては国際的な規模で、知恵を出し合って取り組まねばならない、そういう時代になりつつある。

私は、ユネスコが科学というものを取り上げて一つの柱にしているということの意義をこの点に見出したいと思うのです。ユネスコというような機関こそ国際的規模で人類の将来にかかわるいろいろな問題を研究する、そういう作業の場としてまことにふさわしいのではないかと思うわけです。それと同時に科学者のほうも、あるいは科学に関係ないような方々も、科学というものはそういう性格のものになりつつあるということを十分に考えていただく必要があるのではないか、とくに社会の指導的な方々はいつまでも科学を昔流に考え、それに対して楽観を続けていることはできないということをよく考えていただく必要があるのではないかと思います。

まだ少し時間がございますけれども、どうやらユネスコと私の話とが結びつき、落語でいうとオチがついてしまいましたので、このへんで私の話は終らせていただきます。

どうもご清聴ありがとうございました。

（ユネスコ全国大会での記念講演、一九七二年六月十日、日比谷公会堂。『中央公論』一九七二年八月号）

物質科学にひそむ原罪

はじめに

共立出版とは、ずいぶん昔、私がまだ若かったころ、共立出版もまだ若かったころ、物理学の講座を出すから何か書いてくれといわれまして、私の先生である仁科先生が監修というので、そういう講座にちょっと書いたことがございます。それ以来ずうっとご無沙汰していたのですが、今日は大いに旧交を暖めようということでまかり出ました。

今のご紹介によりますと、「物質・生命・宇宙」のうちの「物質」を私が引きうけることになっているようですけれども、この物質というのは、割合わかっているようで、実は何のことかよくわかっておりません。まあ、物理学の対象にする、あるいは化学の対象にするものが物質であるといってしまえば非常に簡単なのですけれども、物質というのはいったいどういうものか、ということになりますと、昔から非常にいろいろな議論がありまして、なかなかむつかしいことになるわけです。今日は、そういうわけで、見方を変えまして、物理学というものの性格をお話することによって、物質とはいったいどんなものなのか、ということをわかっていただくのが一番いいのではないかと思います。

では物理学とは何だ、ということになりますと、これはまたむつかしいのですが、今日は時間もあまりございませんし、あまり真正面から話しても、どっちつかずの話になるおそれがあります。そこで、このごろ問題になります物理学、あるいは物理学に限らず化学、その他、物理的自然科学全般に対して、いったいどのような意味づけをしたらよいのか、というようなことですね、それを考えてみたい。つまり、物理学を中心とした科学、これははたして良いものであるか悪いものであるか、というような議論、これがしばしばされるわけですから、今日はそれについて少し話をしてみたいと思います。

科学は善か悪か

今世紀の初めごろまでは、あるいはもっと最近第二次戦争の前ごろまでは、科学というものは非常に良いものである、という考え方が多数意見であったといえるかと思います。しかし、最近になりますと、いろいろ科学のもたらすものが、必ずしも良いものばかりではないということですね、科学に対する疑問が出てきました。それで、それをいったいどのように考えたらよいのかということが問題になるわけです。

科学の中にも、いろいろなものがありまして、あとでお話が出ます、生命に関する科学、あるいは宇宙に関する科学などがありますが、私は専門からもう少しせまい意味の物理学に限って考えてみたいと思うわけです。せまい意味の物理学といま申しましたけれども、物理学というのは自然科学の一つのお手本みたいに考えられてきたわけですね。そういう意味もありまして、ある程度他の科学にも無関係ではないというふうに考えられるわけです。そこで、物理学、あるいは化学の、こういう意味での「物質科学」ということにいたしましょう。物質科学が無条件にいいものだと考えられたと申しましたが、もちろんそれは、いつの時代もそうであったわけではありません。

たとえば、昔、十五、六世紀ごろには西欧において、科学が宗教とかたき同士であった時期がございます。たとえば宗教裁判の名において、科学者が裁判にかけられたとか、あるいは罰をうけたというようなことがございました。そういうことは、やはり科学というものは悪であるという考え方が、とくに宗教の側からなされていたということがいえるかと思います。

たしかに科学の中には、そういう宗教家でなくても、ごく普通の人たちからも疑われる、あるいは気味悪く思われるという要素が昔からあったのです。それについてはあとでまた触れるかと思いますが、そういう考え方がそうとう根づよくあったといえます。ご承知のように、ガリレオは地動説を出して宗教裁判にかけられたというような歴史もあるわけでございます。十五、六世紀ごろには、たとえば、錬金術というようなものがさかんに行なわれておりました。これは、何か魔法に類する、つまり悪魔的な要素をもったものというふうに考えられておりました。

こんなことを私がお話するとちょっと照れくさくなるのですが、有名なゲーテの『ファウスト』――ご存知だと思いますが――、そのモデルになったファウスト博士という人は、やはり魔法をつかった男だという、ファウスト伝説というのがあるのだそうです。彼は錬金術師でもあったわけですが、魔法をつかっていろいろなことをやり、そして最期は、非常に悲惨な死に方をしたという伝説があるのですが、これを、ゲーテがとりあげて『ファウスト』というものを書いたわけです。このファウスト博士というのは実在の人物であったわけです。もちろん詳しいことはわからないらしいのですが、実在の人物であったというようにいわれております。

そういうふうに物質科学の中に、何かあやしげな、気味のわるい悪魔と通じるような要素があるというように考えられていました。

ところが、だんだんに時が経ちまして、十七世紀にはいりますと、物理学自身の発展が、物理学は魔法とはちがうものなのだということを明白にしてまいりました。では、魔法と科学とはどうちがうかと申しますと、魔法は、あやしげな秘密の中にいろいろなまじないのようなことをやったり、神秘的な儀式のようなことをやったりしていました。ところが科学でやる方法は、そういうものではなく、だれでもがやろうと思えばやれるようなやり方で研究を進めるものなのです。そのようなことがだんだんわかってまいりました。

科学の方法と実験

たとえばガリレオが、これも宗教裁判にかかってしまったことですが、彼のやった研究の方法は——当時としてはとても常識では考えられないやり方であったわけですけれども——、実験という方法にうったえて、自然の中にかくれた自然法則をみつけようというやり方をしたわけです。

それで彼の地動説には、宗教裁判にかかったりしまして、反対があったにもかかわらず、彼が実験的に得られました法則、たとえば「慣性の法則」というような法則ですね、こういう実験から得られた法則から、やはり「どうしても地球は動く」ということに対する反論ができないことがわかってきたわけです。

当時この地動説に反対した人たちは、どちらかというと素朴な考え方だったわけで、地球が動くとすれば高い塔をたてたり、橋をかけたり、いろいろな土木的な仕事をして作ったものが、地球が動いていたら、こわれてしまうではないか、というごく素朴な疑問がひとつはあったわけです。ガリレオの慣性の法則——彼自身実験から推論したわけですけれども——、それによれば、地球が動いていても、止まっているときとまったくかわらない自然法則が地球の上で成り立っているはずだという「ガリレオの相対性」といわれるもので説明できます。たとえば皆さんが新幹線に乗って走っているときに、中でキャッチボールをすることを考えてください。新幹線は時速二百キロメートルという、ものすごい速さで走っていますけれども、その中でのものの運動は、止まっている新幹線の箱の中の運動とまったくちがわない、ちがいをみつけることができません。これは慣性の法則から論理的に出てくるひとつの結論なのですが、こういうことで地球が運動していても、いっこうに困ることはおこらないのだという、非常に合理的な判断で説明されておりますので、だんだんに魔法的な要素がなくなってきたわけです。

さらにニュートンにいきますと、非常に美しい、調和のある自然法則が宇宙を支配しているということがわかってきたわけです。そうなりますと、科学者がみつけてくるところの自然法則は、常識からみると非常に考えにくいように一応はみえますけれども、かえってそれは天地を創造なさった神様のお考えをあらわすものにふさわしい調和のとれたものであるということが、だんだんわかってまいりました。そういうわけで宗教と科学は矛盾しない、それどころか、科学の中に世界を創造した神様の考えが、かえって非常に明らかにあらわれているのだという考え方がでてまいりました。

実際、十七世紀の科学者の名前をみますと、多くは同時に哲学者であり、宗教家でありました。たとえば、デカルト、ライプニッツ、パスカルがそうです。さらにはニュートンも、神学などもやっておりまして宗教に非常に関心をもっているわけです。とくにニュートンという人は非常におもしろい、ある意味では矛盾にみちた人なのですが、物理学だけでなく、いろいろなことをやっておりました。今申しました神学をやっていたこともありましたし、錬金術みたいなものに凝っていたこともあります。ちょうどその三つ、宗教と科学と魔法というものが、ごちゃごちゃして、だんだんに分化するちょうどその時期に彼は生きた人ということで、一人の体の中にその三つの要素をもった人だということができます。

そういうこともありましたが、十七世紀ごろではすでに科学というものは魔法のようなおそろしいものではないということがだんだんに通念になってきたわけです。もちろん、やはり科学はあまり好きでないという人はいつの世でもたくさんおります。今でもいると思います。しかし、ともかく前の世紀（十六世紀）とは非常にちがった見方をされるようになってきました。

科学と応用

ところが、さらに十八世紀にはいりますと、科学の応用がひらけてまいりました。ワットが、これは発明したのではなく、改良したのだといわれていますけれども、蒸気機関というようなものを作りました。それから化学のほうですね、これも昔は錬金術だったわけですけれども、十七世紀にボイルが——ボイルの法則というのはご存知だと思いますが——、錬金術的な考え方は自分はとらない、純粋に自然の中にかくれている法則を知るために化学をやるのだ、金《きん》をつくるためにやるのではない、というようなことを宣言しました。化学を錬金術から切り離した宣言をしたわけです。

さらに、十八世紀にはいりますと、近代的な化学の始まりである、ラヴォアジエという人が出てきたりしまして、化学は急速に発達して、やがてそれが応用へむすびつくようになってまいります。

そういうわけで、十八世紀になりますと、科学と産業というものが密接に結びつくようになってきました。つまり物質科学が、われわれの生活に豊かさをもたらすのだ、ということになってまいりまして、その面から科学を評価するという、そういう考え方がでてきたわけで、その考えは、十九世紀から二十世紀にひきつがれて、科学というものが完全に産業とむすびつき、そして、われわれ人類の生活を豊かにしてくれると思われるようになりました。現に、科学というものはヨーロッパに生まれたものですが、そこではサイエンスを一〇〇パーセント利用することによって、他の大陸にない繁栄をしたわけです。

その考え方がずうっと引きつがれてきたわけですけれども、科学の目的が自然法則を「知る」ということ、ドイツ語で科学のことを「ヴィッセンシャフト」といいますが、「ヴィッセン」とは「知る」ということで、知るということだけならばよいのですが、これがいわゆる文明という形で自然を「変える」ことによって今までにない豊かな生活をもたらす、ということになってまいります。そして、その傾向がだんだんに大きくなって、そして現在にいたって、こんなに自然を変えてしまっていいのだろうか、という疑問がでてきたわけです。

それで、科学が自然を変えて困るというのであれば、それをやらずに、あくまで自然のうしろにかくれた法則性をみつけるだけで止まっていればいいじゃないか、という議論がでてくるかと思います。しかし科学がここまで進歩してきた大きな理由は、科学が使う非常に有力な方法である実験というものに負っているのですが、この実験こそが、そもそも自然を変えるということによって可能になるのです。

実験というものを意識的に行なった、おそらく一番初めの人は、ガリレオだと思いますが、彼より前の科学者は、彼のように意識的に実験ということをやりませんでした。むしろ自然をそのまま、あるがままの自然の現象を非常に注意深く観察するという方法で、自然の中のかくれた法則をみつけよう、というやり方をしていたわけです。ところが、ガリレオは、それだけでは本当の自然法則はなかなか見えない、ということを感じまして、自分のほうから能動的に自然に働きかけて、そして、だまってみているだけではみせてくれないような現象を自然にやってもらおう、というやり方をしたわけです。

もっともガリレオのころは、積極的に自然の中にかくれているものをあらわしてもらうとはいいましたけれども、彼の実験はまだそれほどたいしたことをやっておりませんでした。たとえば、振り子の運動をしらべてみたり、あるいは高いところから物を落して落ちる時間を計ってみたり、まあその程度なわけです。ところがその後、実験というのは、もっと積極的に、なかなか自然現象の中にあらわれてこないような人工的な自然をつくって、その中でいろいろな実験をやろうというようになってまいりました。

たとえば真空をつくるという、そういう技術ですね。真空の中でどういう現象がおこるだろうか、空気とかじゃまなものをどけてしまった環境の中で自然がどのように働くか、ということをみることによっていろいろとかくれた法則があらわになってきたわけです。真空をつくるというようなことは、確かに自然を変えているわけです。それだけでなく、物理学者あるいは化学者がやっていることは、人工的に、ある意味では純粋培養した自然というものをつくって、その中での現象をみようということなのです。それによって後ろにかくれている自然法則をみつけよう、という方法がだんだん大規模になってきたわけです。つまり科学にとっては、実験という方法が不可欠な方法なのでありますが、実験というのは、一言でいいますと、要するに、自然をありのままの自然でないものに変えて、その中でいろいろな現象をおこさせてみるという、つまり自然を変えるということが自然を知るための必要な手段として、どうしてもつかわなければならないわけです。

人間のために自然を変える

そういうわけで、自然を変えるということが、だんだんに大規模にやれるようになってきました。そして、はじめは単に自然法則を知りたい、というだけのために自然を変えてみたわけですが、これを人間の利益のために自然を変えよう、というようにだんだん変わってきました。これは、つまり科学が産業と結びついたと前に申しましたが必然的にそういう傾向になってきたわけです。これが、だんだんと大きな問題になってくるわけです。

たとえば、自然科学者は物質の非常に根源的な法則を知ろうというわけで、まず原子というものを考え、考えただけではなく、さらに原子というものを直接証明したいと思うようになりました。すべての人が、「原子がある」ということを納得できるように、自然の一部を変えて、「ごらんなさい、こういうふうに原子からできております」ということをだれにでも説得力のあるものにして証明したい、ということをやり出したわけです。さらに原子から素粒子、原子核というのが、やはり、実験的操作によって、そう考えざるを得ない、と誰でもが思うような確かな証拠をつかまえよう、ということをやっておりますうちに、ウランの核分裂というような現象を発見したわけですね。原子核という物質の奥の奥でどういう法則が支配しているか、ということを知るために、どうしてもそこまで行かざるを得なかったわけですけれども、そこからただちに、核分裂で発生するエネルギーを何か他につかおうという考えがでてきました。

つまり、問題が昔のように単純に自然の法則を知るというだけで止まっていられない。つまり「知る」ということと「使う」ということが、切りはなせないような状況に現在なってしまったわけです。そういうわけで科学というものは、はたして良いものであろうか、という疑問がいろいろな人のあいだに出てきました。科学者のあいだにも出てきたわけです。つまり自然というものがそのままではなかなか自分の素顔をみせてくれない、したがって自然の中にある非常に普遍的な、あらゆるものについて成り立つ法則を見つけ出そうということになりますと、どうしても自然に働きかけて、これを人工的に変えてやらなければならない。

ところが自然を変えるということをやりますと、それじゃそれをどこかに使おうという気持がでてきます。そこに大きな問題が出てくるのです。つまり科学というのは、現在では「ヴィッセンシャフト」だけでとどまっていられないということです。しかも問題なのはそういうふうにして得られた原子力のようなものの影響力が非常に巨大なものであり、昔の自然科学者が予想しなかったような巨大な力が自然法則の奥のほうから出てくるということであります。それで、これをどう考えたらよいか、ということになるわけです。

神話の中の予言

ところで、私の思いますところでは、原子力のようなまかりまちがえば非常におそろしいものが出てくる要素を自然科学がもっている、ということは、実は昔の人も考えたことがあるということです。もちろん、原子物理学なんていうものは昔の人は知らないわけですけれども、いろいろな民族のもっている神話をたどってみますと、文明のまだなかった、あるいは文明の芽ばえの時代に、その当時の人たちが、それなりに感じとっていたのではないか、と思わせるような神話がいろいろございます。

たとえば、ギリシャ神話にありますのは、プロメテウスの神話ですね。プロメテウスというのは、ギリシャ神話によりますと、世界が創造されるときにいろいろのものをつくったといわれております。何でもエピメテウスとプロメテウスという兄弟が作ったということです。エピメテウスがいろいろな生き物を作ったそうなんですが、ある生き物には羽根を与え、ある生き物には角を与え、ある生き物にはつめを与え、きばを与え、あるいは、非常に速い足を与える……といった具合にいろいろの生き物を作っていったそうです。最後に人間をつくったというんです。ところが、いろんなものをみんないろんな動物に与えてしまって、人間に与えるものは何もなくなってしまいました。そこで見てのとおり、人間にはきばもなければ角もない、つめもたいしたことはないし、体に毛も生えていない、何にもないわけです。困ってしまって、こんな生き物を作ったって結局はほかのきばがあり、角があり、速く走れる、そういうもろもろの動物たちにやっつけられてしまうだろうと考えました。そこで、プロメテウスは、せっかく作った人間に何かやるものはないかと考えて、結局、太陽から火を盗みとってきて、火を使う知識を人間に与えたということです。

しかし、このプロメテウスはゼウスに非常におこられまして、天の火を盗んで人間に与えたのはけしからん、といわれてたいへんな罰をうけたという話です。何でもコーカサスあたりの山の上へ、鎖でつながれて、そしてワシかタカのような鳥が、プロメテウスの肝臓をつついてたべてしまう、という苦しい刑罰です。くわれても、肝臓は再生するんだそうです。そして永遠にその罰を受けているという話です。つまり火を使うということを人間に与えたプロメテウスが罰を受けるという神話であります。

それから、旧約聖書にある神話ですが、エデンから、知恵の木の実を食べて、アダムとイブが追い払われたという話ですが、これなんかも、人間が獲得した知識を、つまりヴィッセンシャフトですね、これが罰を受けるという考え方を暗示しているように思えます。

それからもう一つおもしろいのは、さきほどゲーテの『ファウスト』のことをちょっと言いましたが、ファウストというのは、ご承知のようにメフィストという悪魔と契約を結んで悪魔の助けを借りて、いろいろなことをやるんですが、一番最後のところに、彼が王様から、ある土地をもらって——これは、海岸の湿地帯ですが——ここをおまえの好きなようにつかえ、といわれ、そこにファウストは理想的な国を作ろうとしたというわけです。そのため彼は湿地をうめたてて、港を作ったり、運河を作ったり、つまり、今でいう開発を行なったわけです。そこへ立派な港をつくって貿易の中心にするという計画を立てたのです。そしてメフィストの魔力をかりまして、そこへたいへんな理想的な社会を築こうとしたのです。

そして、それは今でいう鹿島灘の開発、むつ湾の開発のようなものですが、さすがゲーテも、その時代には石油コンビナートをつくるというアイディアは残念ながら出していないのですが、開発をメフィストの力を借りて行なおうとしたのです。

そこにいろいろな話があるんですが、その湿地の中の丘に住んでいたある信心深い老夫婦がめざわりだから、替え地をやるから立ち退けというようなことを、やろうとして、その老夫婦は、ここが一番いいから動かない、というのをむりやりに動かそうとするのですが、メフィストがついにおこって、その老夫婦を殺してしまうという話です。そのあたりからファウストは自分のやっている仕事に疑問をもつようになるという、そんな話があります。この話なんか今の日本列島改造の話とちょっと似ているような気がいたします（笑）。いずれにせよ、ゲーテは開発といったものの中に、メフィスト的なものをかぎつけていました。

科学とはプロメテウスの火

科学というものは、ある意味ではプロメテウスがもたらした火のような、そんな感じがしないでもないわけです。しかしながら、プロメテウスというのは、そういうたいへんな罰を受けた一方で、神の権威を恐れずに人間に貴重なものを与えてくれたということで、大いに賛美されている面もあります。むしろヨーロッパあたりの詩人などで、プロメテウスのことを書いているのは、この賛美のほうが多いようです。

だからというわけではありませんが、やはり神話にありますように、人間が火を使うことを知らなかったならば、ごらんのとおり何にもない裸んぼうで、武器を体にそなえていない人間は、おそらく他の動物に、ほろぼされてしまっただろうという、そういう昔の人の考え方は、やはりそのまま成り立つのではないかというように私には思われます。人類は科学というもの、つまり罰せられるべき要素をもっているものなしには、生きつづけることはできないということです。しかし、やはり、「科学というものの中には、罰せられるような要素があるのだ」ということも忘れてはいけないのではないかと思うわけです。

つまり、そういうヨーロッパで生まれた科学を、私たちが自分のものとして扱うときには、もう一つのヨーロッパで生まれている、科学に対する恐れ、罪の意識、キリスト教のほうでいえば、パラダイスを追われたという「原罪」という考え方があるんだそうですけれども、そういうようなものも一緒に、心の中にもちながら、科学というものを考えていく必要があるんじゃないかと、そういう感じがいたします。

現に原爆の実験が成功したときに、オッペンハイマーが次のようなことをいっているんです。つまり、あまりにも核のエネルギーが巨大なことに、彼は非常なおどろきと恐れをもって、その実験が成功したときに、「物理学者は罪を知ってしまった。そして、それは、もはやなくすことのできない知識である」(The physicists have known sin, and this is a knowledge which they cannot lose.) という言葉をはいたそうです。これは、さきほどのキリスト教の原罪の思想を、核の実験が成功したときに、オッペンハイマーがいやおうなしに思い出されたということだと思います。

とにかく、原罪と考えてもいいし、プロメテウスの罰を思い出してもいいんでしょうけれども、科学というものは手ばなしでよろこんではいられないものである。おそろしいものである。しかし、そのおそろしいものをつかわずに人類というものは生きていけないということを、割り切れない思いなんですけれども、そういうことを心の中のどこかにいつももっている必要があるのではないか。そして、さきほど言いましたような状況、すなわち、科学が単に知るということでとどまっていられなくなった状況を、いつも自覚している必要があると思うのです。それで、何がこのような状況を作り出したのか、なぜ知ったことは使われてしまうのか、そういう問題を今の時代は、われわれにつきつけているのです。

(共立出版創立五十周年記念講演、一九七六年六月二十八日、朝日講堂)

科学と現代社会——問題提起

編者注　この一編は、一九七四年に有識者会議として催された「文明問題懇談会」で朝永が行なった問題提起のための講話と、それに続く討議の抜粋である。文明問題懇談会の詳細は「解説」二三八頁参照。

〔文明問題懇談会の〕三回目のときだったと思うんですけれども、日本人の自然観というようなお話があって、私がちょっとちゃちゃを入れまして、自然科学を生んだヨーロッパでは、自然科学の中に何か恐ろしいものがあるという思想があり、それに対する恐れというものがあったようだということを申しました。その例としてプロメテウスが太陽から火を盗んで人間に与えた、それで人間が火を使うことを覚えたという神話をあげました。この神話によればプロメテウスはこの行いでゼウスの怒りを買いまして、非常な罰を受けた。どこかコーカサスの山に鎖でしばりつけられて、鳥に肝臓をついばまれるという恐ろしい罰を受けた。そもそも火を使うことを知るというのは自然科学の原型といえると思うんですけれども、この神話はやはり科学の力というものに対する恐れということを意味するんじゃなかろうか、というふうなことを私は言ったわけです。

私はそのときに、日本人が西洋から西洋文明を学んだときに、科学の功利的な面、恐ろしさを離れて功利的な面にすっかり魅惑されたことが、近ごろいろいろ公害とか自然破壊というのが出たのと、何か関係があるんじゃないか、ということをあまり自信もなく申しました。ところが、吉川〔幸次郎〕さんが日本にはオリジナル・シン、原罪という意識がなかったと言われた話を引き取って、たしか梅原〔猛〕さんが、原罪意識の欠如というものが公害とか自然破壊というものと、何か関係があるんじゃないかというふうなことをおっしゃいましたんで、いささか私、自信を取りもどしました。それできょうはこのへんのことをまとめてみようと思ったわけです。もちろんこれは全部受け売りですから、そのつもりで。

まず自然科学、特に物理とか化学、これの系譜の中に魔法というものがある。よく言われるわけなんですけれども、事実古くから形をなしていて、物理学の基礎になった天文学の発展には、占星術というのが大きな役を果たしております。それから化学に対しては錬金術というのが非常に大きな役を果たしているわけです。

ところがこういうものはある意味で魔法的なものであると考えられていた。じゃあ魔法というのはどういうのかと言いますと、何か気味の悪い怪しげなやり方で、森羅万象をお作りになった神様の持っている理法を盗み取って、自分のほしいままにそれを使う、そういうのが魔法だということになっているわけです。

それであるとすれば、魔法は当然罰せられるべきものである。そうしますと天文学ないし物理学、あるいは化学等も、占星術や錬金術との関係からやはり魔法と無縁なものではない以上、その中には何か恐ろしいものがあるという、そういう考えが残っているというのは当然なことです。

ところが科学に魔法的な要素があったにしても、科学がだんだん発展してきますと、その発展自身が、科学は魔法とちがうものだという点を次第にはっきりさせていったわけです。

まず物理学について考えてみますと、十七世紀頃になりますと、ガリレオ、ニュートンがあらわれ、そのへんから占星術と天文学とが切り離されてくるというふうに見ることができると思います。もちろんガリレオの時代にはまだ、例えばケプラーというような人たちは星占いを信じていたということなんですけれども、しかしニュートンあたりになりますと、そういう傾向からだんだん離れてきた。

それから化学のほうも、やはり十七世紀頃になりますと、ボイルの法則というのはご承知かと思うんですけれども、そのボイルのころから、はっきりと錬金術と化学が切り離されてきた。

このボイルが自身で言ってるんです。「これまで化学をやってきた人は、お医者さんの立場で薬を作るとか、あるいは錬金術師として金《きん》を作ろうということを目的として、ナチュラル・フィロソフィの進歩を目指しているのではなかった。だけど自分は化学を、医者としてでもなく、また錬金術師としてでもなく、あくまで自然探究者として取り扱いたい。そして科学的操作を哲学的目的のために用いることでやっていきたい」ということをはっきり宣言しています。

それからニュートン自身は、錬金術に凝ったこともあるんだそうですけれども、やはり晩年には神学などをやり出した。というのはつまり、結局魔法からの縁を切ったということですね。

こういう自然科学者は、自然界を支配する基本的な法則を探り出そうという、そういう点では魔法使いとねらっているところは似ているわけですけれども、彼らは決して怪しげな方法、秘密な方法ではなくて、だれでもがやろうと思えばやれるような実験、それからまたあくまで論理的な推理でそれを行ったという点で魔法とは違っている。

それだけでなく、こうして得られた自然界の法則というのは非常に美しいんで、それが多くの人たちをひきつけた。科学は神様の御業がいかに偉大なものであるかということを語ってくれるものだ、そういうふうに考えられるようになってきた。

岩波文庫のうたい文句、「真理は万人によって求められることを自ら欲し」という文句にあるように、科学は魔法使いみたいに怪しい方法で秘密裏にやる営みじゃない。だれでも欲する人には手に入るものだということになってきた。

ですから、十五世紀、十六世紀頃までは錬金術、あるいは星占いというようなものと科学との間の区別が、非常にあいまいであったんですけれども、十七世紀になって科学と魔法は切り離された。それだけでなく、先ほど、ナチュラル・フィロソフィということばが出てきましたように、科学と哲学が結びついて、それからまた科学と宗教、キリスト教ですけれど、これが和解した時期であると言えましょう。

いま申しあげましたように、十七世紀は、ガリレオ、ニュートン、ボイルの時代であったわけですが、それだけでなくて、それはベーコン、デカルト、パスカルとかいう人たちの時代でもあり、これらの人はいずれも哲学者でありながら科学者でもあるという面があったわけです。十七世紀はそういう時代でした。

ところがこういう時期の自然科学は日本に入ってきていないのです。いったい日本はどうだったかといいますと、ご承知のように十六世紀の中ごろ、一五四三年に種子島にポルトガル人が流れついた。そして鉄砲が伝わった。それから五、六年あとにザビエルがやってきていろいろ西洋科学、たとえば暦法のようなものを伝えた。

そのときに鉄砲のほうはあっという間に日本中に広がってしまったんですけれども、ザビエルが持ってきたキリスト教はまもなく秀吉に弾圧され、暦法やそれに関連のある科学は日本に根をおろすひまもなく、徳川時代に入っていく。ですから先ほど申しましたような十七世紀の科学というものは、日本には定着しなかった。定着しないままに鎖国に入ったわけですね。それから西洋の本を読んではいけないということで、十七世紀のガリレオ、ニュートン、ベーコン、デカルト、パスカルという、その時代の哲学ととけ合った科学、あるいは自然哲学は日本人にとってまったく無縁のものになってしまった。

十八世紀に入りますと、西洋では科学と哲学の結びついた時代から、だんだんに科学が技術とか産業とかいうのに結びつく時代に入ってきまして、蒸気機関の発明、改良というふうなことがあって、そして産業革命という時代になって、こういう成り行きは十九世紀に引き継がれて行きまして、十九世紀に入りますと蒸気船ができ、鉄道が敷かれる。それから電気が実用になってきた。ファラデーが電磁誘導を発見した。そういうわけで発電所ができたりして、蒸気の時代から電気の時代に移ってきた。それから電信が始まって、アメリカとヨーロッパの間に海底電線が引かれたり、そういうことがあった。

それからさらに電磁気学が進んできますと、電磁波というものが発見されて、十九世紀の最後の出来事として無線電信の発明がある。十九世紀の一つの象徴的な人物、アメリカのエジソンですね、その彼は一八四七年に生まれているのです。ちょうど十九世紀の中ごろ生まれて、彼は発明王といわれるように、いろんなものを発明した。

こういうようにして、科学が技術や産業と結びついて、ヨーロッパは科学を知らなかったほかの大陸を圧倒して、めざましい発展をかちとったわけです。ですからこのころは科学というのは神様に罰せられるべきものだというような考え方は、非常に少数意見になってきたにちがいない。

もちろんこのころも、科学がこういう文明をもたらすことは認めたけれども、それの弊害についていろいろ異議申し立てをした人たち、多くは詩人たちですが、物質文明というものに対するいろいろな反感を持っていた人々がいたことは事実であります。けれども、詩人のなかにも、神の権威をおそれず人類に火を与えてくれた英雄としてプロメテウスを讃美する人たちもあったようで、科学者や技術者の間には非常に楽観的な空気、科学はよきものだという、そういう空気が充満していたというふうに思われるわけです。

ところで十八世紀のこういう技術や産業と結びついた科学というものが日本に入ってきたのは、徳川吉宗が洋書の禁をゆるめた頃から、すなわち一七二〇年からです。そしてここで日本で蘭学というのがだんだんおこってきたわけですが、そういういろいろなことがあって一八五三年には黒船がやってきた。それから明治維新になって鎖国が解かれたわけですが、それがちょうどヨーロッパにおいて科学、技術、産業の結びつきから、科学文明が非常に謳歌されていたときです。それですからそういう形において科学が日本に入ってくる。そして日本もやはりヨーロッパ大陸の繁栄のあとを追いかけなければいけないというわけで、明治になって富国強兵に役立つという考え方で科学技術が盛んに輸入された。そういうわけです。

吉宗が洋書の禁をゆるめたと言いましたが、それにしても、科学技術だけのもので、宗教はもちろんいけないんですが、哲学、思想、文学、そういうものも許されなかった。またこういうものはたとい入ってきたとしても自然科学ほど普遍性がないので、とてもすぐには受け入れられなかったとも考えられるわけです。明治になってやっと科学以外のいろいろな文物、文化が入ってきた。

こういう科学謳歌の時代が二十世紀になってもずっと続いたわけですけれど、二十世紀に入りまして、第二次世界大戦というたいへんな出来事のあったときに、まず物理学者の間で考え方にかなり変化がでてきた。それは原爆の出現でした。原子爆弾ができましたときに、物理学者は自分の専門である物理学の力があまりにも強大であることを思い知らされたわけです。それまで物理学者も科学の力で人間を幸福にしていたと思っていたわけですけれども、それはちょうど人間を幸福にするつもりで人間に火を与えたプロメテウスのように、罰せられるものではなかろうかという気持が起こってきた。

あるいは科学者というのは、悪魔と契約したファウストみたいな存在ではなかったのかという気持が起こってきた。

例えばオッペンハイマーは原爆を作ったときに、こういうことを言っています。「物理学者たちは罪を知ってしまった。そしてそれはなくすことのできない知識である。」（The physicists have known sin, and this is a knowledge which they cannot lose.）ここで罪を知ったというのは、原罪意識が物理学者を強く打ったということだと思うんです。実際、科学と魔法というのは非常に似た点があるんで、魔法使いは、先ほど言いましたように、自然をお作りになった神様の理法を盗み取ろうという考えを持ってたわけですが、一方、科学者のほうは自然界に深く隠されている基本的な法則を探りあてようとする。ねらうところは一見まったく似ているわけです。

そういうふうに隠された法則を探りあてようとして科学はどんどん進んで行きましたが、そのようにしてつきとめた法則が支配する世界、自然の奥ふかくに隠されていた基本的法則が支配する世界というものは、非常に抽象的なものだということがわかってきました。その世界の出来事を記述するのには、普通のことばではだめなような、そういう世界です。普通人から見れば、非常に異様な、そして抽象的な数学の記号でしか記述できない味気のない非情な世界。われわれのまわりにある世界は、生き生きとして色彩に満ちたものであるのに、自然科学、特に物理学の対象とする世界は、色もなく音もなく、まったく抽象的な数学の記号でしか語られないようなものだ。そういう意味でとても普通人には納得できないようなそういうものなんだ。科学者のいじくりまわしているのは、科学者だけにしか理解できないもの、しかもそこから原子爆弾のような恐ろしいものが出てくる。普通の人たちと無縁な世界だと思っているところから恐ろしいものが出てくるという、そういう恐ろしい事態になった。そういうわけでこういう抽象的な世界をいじくりまわしては変なものを作り出す人たち、科学者、つまりわれわれですが、それは普通の人間であろうか、何かやはり魔法使いみたいなものではないかという目で見られる。ごらんのように別に角もはえてないのですが（笑）。事実、非常に抽象的な数学の記号でしか記述できない、そういう世界というのは、詩人から見ますと非常にいやな世界に見えるようで、例えばゲーテがそれです。

これは受け売りなんですが、ハイゼンベルクが日本へ来ましたときに、「現代科学における抽象化」という講演をいたしましたが、その中で彼は、ゲーテが、科学者が世界を抽象化してしまうということに反感を持っていて、そういう抽象化は必然的に限りなく進むだろうという点でそれに恐れを持っていた、ということを言っております。

ところがオッペンハイマーが言ったように、科学者は罪の意識を持ったにもかかわらず、その後も科学者たちは相変わらず一生懸命でこの恐ろしい核兵器、原爆を作っただけじゃなくてこんどは水爆を作った。それからいろんな悪知恵を働かせて非常に恐ろしい兵器をどんどん作っているではないか。それはなぜか、ということがそこで問題になるわけです。

それに対して私としてこういう考え方が一つありうるんじゃないかと思うんです。たしかに科学者が魔法使いのような不逞の輩であって、そういう邪悪なことをやっているというふうに決めつけることもできるんですけど、私はむしろ逆に科学者が非常に臆病な弱い存在だということによるのだと言いたい。これはちょっと逆説的なんですけれども、どういう意味かといいますと、いまの社会体制の中に、あるいは今の文明の中に、科学者がそうせざるを得ない状況が存在していることです。具体的にいいますと、原爆あるいは水爆を科学者が作ったときの状況には、アメリカとソ連という国の対立があったわけです。ところがこういう状況では、科学者が何か発見したとしますと、しかもそれが非常に力のあるものであった場合、たとえばアメリカの科学者がそれを発見したとしますと、科学というのは普遍的なものですから、アメリカの科学者が発見したものはソ連の科学者も発見しているかもしれないという不吉な予感が起こってくる。そうすればそれを使って相手が恐ろしい兵器を先に作るかもしれないという気持が起こってくる。そこで先に作られてはたまらないというので、そのこわさから、ただ発見しただけでとどまることができずに、それを自分の国の兵器として開発し製造する方向にかりたてられてしまう。そういう恐れですね。これは神様に対する恐れじゃなくて、競争相手に対する恐れですが、その恐れが、発見した可能性はしゃにむに実現しようという衝動を科学者に起こさせる。

そもそもアメリカが原子爆弾を作った動機は何であったか。核分裂という発見は物理学上の発見でありますから、一つの知識として普遍的なわけなんです。そうすればナチスがこの原理を利用して原子爆弾を作る可能性は大いにあったわけです。そこでナチスに先に作られてはたいへんだというので、アメリカの科学者たち、アインシュタインのような平和主義者までもが中心になって、アメリカの科学者たちがルーズベルトに働きかけて原爆を作る計画をたてたわけです。

こういうふうに相手というものがあるという政治的構造の社会の中では、どうしても競争相手に先を越される恐れということから、お互いに考えついたものはなんでも作ってしまう、そういうことがずっと続いて行くでしょう。

先ほど、十九世紀あるいは二十世紀の前半あたりは科学と技術と産業が結びついた時代だということを申しましたけれども、こんどはそれに軍事が結びついた。アイゼンハウアーが辞めるときに「ミリタリー・インダストリアル・コンプレックス」という表現を使って、工業が軍事と結びついたということを言っているわけで、これはもう少し広く、科学、技術、工業、軍と、そういうふうに言えるような時期になってしまった。アイクはこの結びつきから生まれそうな不吉な事態を警告しているのです。

以上、これまで原爆という非常に極端な例を取り上げましたけれども、前に文武という話が出たとき、井深〔大〕さんが武と経済というものと似たところがあるということを言われましたが、その発言を利用させていただきますと、いままで言ったことはすべて産業、あるいは経済上の競争というところでも妥当するように思われます。

例えば、産業においてもある科学、ある技術の可能性があるとわかると、競争相手がそれを作っちゃうと競争に負けるという恐れから、どんなものでも作ってしまう。そしてしゃにむに作るから、公害も出るし自然破壊も起こる。そういう競争の連続で、企業はますます巨大なものになってくる。そういう事態になってくる。

競争というのは、先ほど申しました核兵器の競争、それから産業上の競争、それからだんだん小規模になってまいりますと、教育ママというのもこのカテゴリーに入る。よその子は一流校に入るかもしれない、そうすればうちの子も入れなければ負けてしまうというおそれがママをかり立てる。お隣さんの子は東大に入れそうなのに、うちの子は漫画ばかり見て困るというので、教育ママが一生懸命になって塾へ通わせる。そういうような現象が起こっている。

このへんで、それじゃあ結論はどうなのかということを言わないといけないんで、いったい科学というのはいいものなのか悪いものなのかという問いがよく出てくる。そこで言われることは、もともと自然科学の中には価値という考え方はない、ただそれを使う目的の中に価値があるんだという、そういう考え方ですね。これは当然な、非常に正しい考え方だと私は思うんですけれども、ただ科学そのものと、目的あるいは目的を持った技術というものを、それほどはっきり現在区別できるかしらと私は思うのです。たしかに理念としての科学、理念としての技術はそうでしょうけれど、実際そういうものは、このいまの世の中に存在するかということです。ですから、良い科学とか悪い科学とかいうことは言えないが、何かの意味で良い使い方、悪い使い方というのはあるだろうと言っても、それで割り切れないような事実にしばしばぶつかるのです。科学者や技術者が良い使い方だと思ったものが悪いものに転化することはしょっちゅうあるんじゃないか。

たとえば古き良き時代の一つのシンボルとして、蒸気機関車、ＳＬですね、あれが古き良き時代のシンボルみたいになってファンがいっぱいいるわけですが、あれくらいひどい公害をまき散らし、もうもうたる黒煙を立てて走っているものはなかった。ですから電気機関車ができたときには、これはたいへんいいものができたということだったと思うんですけれども、それが今では新幹線に用いられて騒音や振動公害がやかましくなっている。

新幹線もできたてで一時間に一本くらい走っている間は、これはいいものだというふうにおそらく思われていたんでしょうけれども、このごろみたいにひんぱんに走るようになると問題になってくる。ですから特定の科学や技術そのものだけとり出して、これはいい使い方、これは悪い使い方というようにそれほどはっきり分けることはできないのではないのでしょうか。

ここで少し暴論を持ち出しますが、私は科学というのはそれ自身の中に毒を含んでいるものだと、いっそのことそうはっきり言っちゃったほうがいいんじゃないか。おそらくご異論があると思うんですけれども。

ただ、毒を含んだものが薬になるということ、つまり薬草というのはだいたい毒草である。毒が薬になるんであって、毒のない草は薬にもならないという意味で言うのです。私、中学校のときに漢文で習った、漢文ぎらいだと言っておきながら、こういうことだけ覚えているんですが、「薬瞑眩せざればその病瘳《い》えず」とか。これは『孟子』でしたか。

〔貝塚茂樹氏「『孟子』です。」〕

安心しました（笑）。そういうふうに目が回るようなものでなきゃ病気にきかないという。ただ毒があってもどんどん使えというのでは困る。副作用をできるだけ少なくすることは必要だと思うし、それはできると私は信じたいわけです。人間が健康なら薬を用いる必要もないし、健康な人が薬を使えば、その薬の毒性だけが現われてくるわけですから、これは意味がないわけです。ですからまったく社会が理想的な社会であったら、また人間が理想的な存在であったら、科学というものは必要でないのかもしれない。

しかし人間は原罪を犯してパラダイスから追われてしまったので、残念ながら毒のある科学を薬にして生き続けなくてはならない。そういうふうに考えれば、科学をやたらに使いすぎることもなく、その副作用であるところの自然破壊とか汚染とか、あるいは原爆というようなものに対する警戒心を、常に人々が持つということになるんじゃないかと思うわけです。

いままで私は物理と化学だけについて話をいたしましたけれど、おそらく生物のほうにもいろいろ問題があると思うんで、これは藤井〔隆〕先生のほうでお話になると思います。

討議における発言

――私が科学毒論を言いまして、おそらく毒じゃないという意見が出るかと思ったら、そうじゃなくて、あんまり毒だ毒だと言うと科学振興のための予算が減るんじゃないかという、そういうご意見のようですね。私は言いましたように、毒だけれどもやはりそれを捨てることはできない、つまり副作用を除くためには、やはり科学が必要だという、そういう考え方をしています。ですから毒だからやめとけというようなものじゃないということを強調しておきたいと思います。

〔吉川幸次郎氏「科学というのは二つの面があるのじゃないでしょうか。ひとつは自然を解釈する解釈学と申しますか、そういう面では毒は持たないんじゃないでしょうか。自然を受動的に受け取って、それを解釈していこう、分析していこうという方向です。

きょうのお話は、自然を変えていくのが科学であるという面に重点がかかったように思います。自然を変えるということはむろん自然を解釈するというのと相関係したことで、さっきからお話が出ているように、ネセシティの問題、経済的な利益、あるいは軍事的な利益ということが動機になっておこる。その前提として自然の解釈ということが細密になるんでしょうけれども、解釈学の段階では私は科学というものは、決して毒ではないと思いますんですが、いかがでございましょうか。

さっき朝永先生は、詩人から見れば科学の法則は美しくない、とおっしゃいましたけれども、私などは自然科学を全然知りませんけれども、それはそれでたいへん美しいものだろうと予想します。逆に考えますれば、私が仕事としておりますのも詩というふうなものも、やはり単語を並べました数式でありまして、単語の並んだ数式を分析していくのが詩の研究だと、私は思っております。私は同じく学問をする者といたしまして、私は自然科学のファンでございますので、きょうのお話は少し不満に思いました。」〕

――私も吉川さんのおっしゃる通りだと思うんですが、ただ私が強調しましたのは自然科学が自然を変えるというほうに、どうしても動くような、そういう状況に今という時代はなっているという点なのです。

これはおそらく自然科学それ自身がそういう性格のものじゃなくて、いまの社会、あるいは文明と言ってもよいが、その構造がそうなんだと思うんですけど、先ほどの原爆を作ったというのもそうであったように、科学者が自然を変えるということをやらずに、自然を解釈するという段階にとどまっていられないという要因が、いまの社会の中にあるということなんです。実は私が理論物理をやりましたのは、理論物理というのは非常に世間と関係のうすい学問だと思って、これならばあまりめんどうな世の中のことにわずらわされなくてもいいからと思ってやりましたところが、あにはからんや、象牙の塔にこもっていて自然はこういうものだと言っているだけではすまなくなってきたわけです。とにかくアメリカのオッペンハイマーが原爆を作ったり、ソビエトのサハロフが水爆を作ったり、ああいう人たちはそういうのを作らないで、原子核物理の純粋の研究だけでとどまっていればよかったということは、それはその通りだと思うんですけれど、実際そこにとどまれないような、そういう立場に、自然科学者、物理的科学者は置かれているのです。

（第七回文明問題懇談会、一九七五年十月二十五日。『歴史と文明の探求』下、中央公論社、一九七六年）

II　原子力と科学者

科学技術がもたらしたもの——原子力の発見

偶然と失望の所産

現代の科学技術は、原子力とエレクトロニクスによって特徴づけられている。どちらも第二次世界大戦後に急激に発達してきたものだが、その基礎となった原子物理学の源流は、遠く十九世紀の終わりごろにある。

十九世紀も末近くなったころ、いろいろ珍しい現象が発見された。陰極線、X線の発見と放射能の発見がそれであって、原子力もエレクトロニクスも、もとにさかのぼると、ここにつながることがわかる。多くの発見がそうであるように、これらの発見も、科学者があらかじめ見通しを持って生まれてきたものではなかった。あるものは偶然に、あるものは予想はずれの失望のなかから出てきた。X線の発見は前者であり、放射能の発見は後者である。

放射能の発見者であるフランスの学者アンリ・ベクレル（一八五二—一九〇八年）は、ノーベル賞受賞講演でこの間の事情をこう述べている。

レントゲンの実験、クルックス管の燐光を放つ壁から出てくる放射線（X線）の異常な性質をパリの人たちが知った一八九六年の初めごろ、私は燐光体はすべて同様な放射線を出しているのではないかと考え、それをしらべてみようと思った。実験はこの考えの正しくないことをしめしたが、この研究のなかで私は思いがけない現象を見つけた。

放射能の発見

むかし習った物理などすっかり忘れた読者のなかにも、中学校や高等学校で真空放電の実験を見たことのある人は、その印象をまざまざとおぼえているにちがいない。ガラス管のなかをぱちぱちと飛んでいた電気花火が、管のなかの空気をぬいていくにつれて、管一面のうす桃色の光芒に変わり、さらにそれに不思議なうろこ模様があらわれ、やがてその光が陰極の方からだんだん消えてゆき、管のなかがすっかり暗黒になったと思うとガラス壁が神秘的な燐光を放つようになる。

二十世紀の原子物理学は、この真空のガラス管のなかから生まれてきた。真空放電の研究は、十九世紀の末ごろ、ドイツの物理学者ハインリヒ・ガイスラー（一八一四―七九年）にはじまるが、だんだんわかってきたことは、この放電管のなかで陰極からある放射線がとび出していて、それがガラス壁にあたって燐光を放たせるらしいということである。この放射線はその正体のわからぬままに陰極線と名づけられた。のちにイギリスのウィリアム・クルックス（一八三二—一九一九年）は、この放射線がマイナスの電気をもった何ものかであることをつきとめた。これは一八八〇年ごろのことであったが、そのときすでにクルックスは、この何ものかのなかに物質の根元にかかわる秘密がかくされていることを感じとっていた。

一八九五年には偶然が大きな発見をもたらした。クルックスの研究をさらにおしすすめていたウィルヘルム・コンラト・レントゲン（一八四五—一九二三年）は、クルックス放電をやったあとで、感光しないように黒い紙でつつんで実験机の引出しにしまっておいた写真乾板が、いつのまにかカブっていることを偶然に発見した。その結果、クルックス管のガラス壁からは、燐光のほかに、机の板を貫通し黒い紙を通して乾板に作用する一種の放射線が出ていることを知った。レントゲンはこの未知の放射線に、代数で未知数をあらわす文字を使ってX線という名をあたえた。

この発見を聞いてベクレルは考えた。クルックス管のガラス壁は、燐光を放つといっしょにX線を出している。そうすれば、いわゆる燐光体といわれる物質はすべて、燐光といっしょにX線を出しているのではなかろうか。燐光体とは、熱したり、しばらく光をあてておくと、暗闇に持っていってもかすかに光を出しつづける物質であって、いろいろな金属の硫化物がこの性質を持っており、時計の文字盤などに利用されている。そこでベクレルは、黒い紙につつんだ乾板の上にこれらの燐光体を置いてみて、はたして乾板がカブるかどうかをしらべた。

ベクレルの予想はみごとにはずれて、それらの試料は燐光を放つだけでX線を出してはいないことがわかった。しかし彼が使った試料のなかに硫化ウランがあったことは、彼に思いがけぬ幸運をもたらした。すなわち、この燐光体のばあいにかぎって乾板が感光することを彼は見つけた。いろいろしらべてみると、この現象は硫化物であろうがなかろうが、ウランをふくむすべてのものでおこることがわかった。したがって、燐光とは無関係に、これはウランそのものの特性である。ウランからは黒い紙を通す一種の放射線が出ていて、これが乾板をカブらせる。これが放射能の発見である（一八九六年）。ころんでもただ起きないのは、えらい科学者の得意とするところだ。

それから二年後、キュリー夫妻（ピエール、一八五九―一九〇六年、マリー、一八六七―一九三四年）は、ウランよりもっと強い放射能をもつ元素をウラン鉱石のなかから分離した。これがラジウムの発見である。キュリーはトリウムも放射能をもっていることを発見し、また、ラドン、ポロニウム、アクチニウムなど、いくつもの新しい放射性元素が続々と発見されていった。

これらの発見は、どれも十九世紀末をかざる重要なものであったが、二十世紀の原子物理学はここにその萌芽を見いだすことになった。

見えない世界の探検法

二十世紀以前の物理学は、多くは直接五感にうったえる現象を相手にしていた。目で見ることのできる物体の運動とか、手に感ずる熱、目に見える光、耳にきこえる音、そういう現象が物理学者の興味の対象であった。直接感覚に縁のうすい電磁気現象でも、電気が物を引きつけるとか磁石が鉄片を引っぱるとか、目に見える現象に関係して論じられていて、電気そのものの本体は何かということに直接ふれることはなかった。だから、目に見えないほど小さい原子から物質ができているという原子論の考えは、確からしくまた有力な仮説ではあったけれど、有力な科学者のなかにさえそれに反対する人たちもいたぐらいである。いわんや原子のなかがどんなしくみになっているかといった問題は、そこまで手を出そうにも推測以外にたしかめる方法はなかった。

しかし、クルックスも予想したように、十九世紀末の新しい発見は、物質の根元である原子内部の秘密を解く鍵になった。

クルックス時代には、陰極線はガラス管のなかだけに存在していて、これを外に解放することはできなかった。学生時代にクルックスの実験に強い印象を受けていたドイツの学生フィリップ・レーナルト（一八六二―一九四七年）は、なんとかしてガラス管の外に陰極線を取り出すことはできないかと考えていた。そうすればその本体は、もっともっと明らかになるにちがいない。ある日、彼の師匠であったハインリヒ・ルドルフ・ヘルツ（一八五七―九四年）が彼を呼んで、陰極線がうすい金属箔を通りぬけるという発見を話した。レーナルトはさっそく、これは永年の念願をかなえるのに使えそうだと思った。つまり、クルックス管の壁の一部をガラスのかわりに金属箔にしてみるという試みである。この試みが成功してガラス管から解放された陰極線が手に入るようになったので、その本体は急にはっきりしてきた。

放射線の身元を洗う

こうして二十世紀に入ると、陰極線はマイナスの電気をもったきわめて軽い微粒子の流れであることがわかった。この微粒子がすなわち電子であって、これが電気の本体であると考えられるようになった。今日、原子力とならんで花形になっているエレクトロニクスは、この微粒子を使っていろいろなことをやらせる技術である。

X線の本体もだんだんわかってきた。これは微粒子の流れではなくて、光やラジオ波と同様に電磁波であることがわかった。ただ、ラジオ波や光波とくらべてものすごく高い周波数をもっていて、そのことからX線はいろいろ珍しい性質をもつのである。

また、ウランやラジウムから出てくる放射線の本性もだんだんわかってきた。放射性元素から出てくる放射線には三種類あり、それぞれアルファ線、ベータ線、ガンマ線と名づけられていたが、ベータ線は陰極線と同様に高速度で原子からとび出してくる電子の流れであることがつきとめられた。陰極線とベータ線とのちが

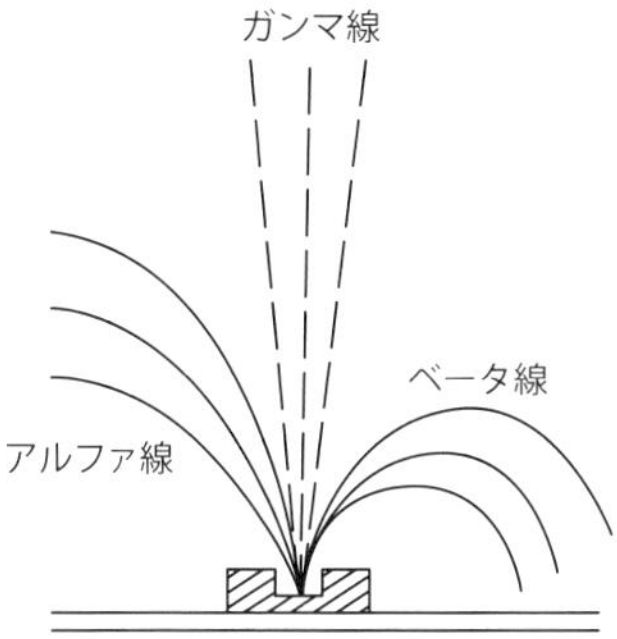

放射線の性質（磁場にある場合）

いは、その電子の速さのちがいであって、ベータ線中の電子は、陰極線電子の十倍から百倍近くの速度をもっていることがわかった。ガンマ線の方は、X線と同様電磁波であるが、その周波数はX線よりさらに大きく、そのことからガンマ線はX線よりもさらに貫通力が強いのだということもわかった。

アルファ線の本体がわかったのは、すこしばかり後になる。アルファ線は陰極線と同様、電気を持った微粒子である。陰極線粒子（電子）とこのアルファ粒子とのちがいは、電気がプラスであることと、その重さが電子とくらべて約八千倍もあるという点である。

ラザフォードの考え

そのころ、原子のなかがどんなしくみになっているか、まだまったくわかっていなかったが、いろいろな原子の大きさや重さについてある程度のことがわかっていた。そして一方、アルファ粒子の重さをしらべる実験も成功した。その結果、アルファ粒子はヘリウム原子とほとんどおなじ重さをもっていることがわかった。また、その重さがわかるといっしょにその電気量も決定され、電子の電気量をマイナス1とすると、アルファ粒子のそれはプラス2であることがわかった。

アルファ粒子がヘリウム原子とほとんどおなじ重さをもっているという発見は、アルファ粒子の本体についても、また原子のしくみについても、一つの大きなきめ手をあたえるものであった。

アルファ粒子がヘリウム原子とおなじ重さをもつことは、その二つのもののあいだに何か密接な関係のあることを暗示する。また、ウランの鉱床のなかにヘリウムがたくさんにふくまれているという事実も、これに関係がありそうである。アルファ粒子の研究の中心人物であったイギリスのアーネスト・ラザフォード（一八七一―一九三七年）はそこでこう考えた。アルファ粒子の電気が中和されたものがヘリウム原子なのではあるまいか。もしそうであるなら、ラジウムをガラス管のなかに封入して何日かおけば、管のなかにヘリウムが溜まってくるはずである。ラザフォードは、これを実験して、その予想の正しいことをしめした。ウラン鉱床中のヘリウムも、ウランから出たアルファ粒子が中和されて溜まったものだと結論してよい。

ラザフォードは、この中和はアルファ粒子に電子がくっつくことでおこると考えた。アルファ粒子はプラス二単位の電気をもっており、一方、電子はマイナス一単位の電気をもっているから、アルファ粒子に二個の電子がくっつけば電気は中和する。このとき電子はひじょうに軽いから、重さについてはほとんど何のちがいもおこらない。

ヘリウム原子がそういうものなら、おそらく他の原子も同様であろう。原子はすべて何単位かのプラス電気をもった重い粒子と、その電気を中和するだけのいくつかの軽い電子とからできている。のちにラザフォードのたくみな実験からわかったことであるが、プラスの粒子は原子の中心にあり、そのまわりを電子が太陽をめぐる惑星のようにまわっているのである。ヘリウムのばあい、太陽に相当するのがアルファ粒子であって、そのまわりを二個の電子がまわっている。ラザフォードは原子の中心にある粒子を「原子の核」と名づけた。そのよびかたに従えば、アルファ粒子はヘリウムの原子核である。

このような経過で物理学は原子のなかにふみこんでいった。そして、やがてこの小太陽系の運行を支配する法則もわかった。この法則がわれわれの太陽系を支配するニュートン力学とちがっていることをつきとめたのは、デンマークの学者ニールス・ボーア（一八八五—一九六二年）であった。この法則は量子力学とよばれている。

原子の内陣へ

研究は、いつも手をつけやすいところから進んでいく。原子の研究で手のつけやすいのは、核の外をまわっている惑星電子の部分である。これらの電子、そのなかでも外の方をまわっているものは、ちょっと電圧をかけたり、熱を加えたり、また光線や紫外線をあてると、わりあい簡単に外にとび出してくる。クルックス管も、すこし単純化していえば、電圧をかけて陰極から電子をとび出させるしかけであった。ラジオの真空管のフィラメントは、それを熱して電子を取り出すためのものであり、写真の露出計は光で飛び出す電子を利用する。X線も惑星電子がひきおこす現象であるが、これは核の近く、原子の奥の方をまわっている電子の現象なので、それを研究するにはいくらか大がかりなしかけがいる。

それでは放射能はどう説明されるか。ラジウムやウランから出てくる放射線は、ものすごいエネルギーを持っている。ベータ線は陰極線とおなじく電子の流れであるが、その電子のエネルギーは陰極線のそれとくらべてけたちがいに大きい。もしクルックス管でこんな電子をつくろうとすると、一〇〇万ボルト以上の電圧をかけねばならない。また、放射能はその物質にすこしぐらい電圧をかけようが熱を加えようが、また光やX線をあてようが、なんの影響も受けない。こういういくつかの点からみて、放射能は惑星電子とは関係のない現象と考えねばならない。

放射能は原子核のなかから出てきたのである。原子の大きさ、すなわち惑星電子の軌道の大きさは約一億分の一センチぐらいであるが、原子核の大きさは十兆分の一センチという小さなものである。外から影響を受けないような原子の奥の方にこの小さな原子核があり、このいわば原子の内陣ともいうべきところから、アルファ線もベータ線もガンマ線も出てくる。

原子核のなかには莫大なエネルギーが蓄えられている。この事実はキュリーの時代からわかっていた。ラジウムを空気中におくと、それはいつも気温より暖かいことをキュリーはすでに注目している。この事実は、それから出てくるアルファ線のエネルギーが熱に変わることによるのであって、その後の研究によると、純粋なラジウム一グラムは毎時一四〇カロリーのエネルギーを放出していることがわかった。毎時一四〇カロリーというと大したことはないようだが、じつはラジウムは、だんだん弱くなるにしても二千年以上も放射能を失わないということに思いおよぶと大変なことになる。正確にいうと、千六百年で放射線の強さは約半分になるが、大ざっぱに二千年間毎時平均一四〇カロリーを出しつづけるとすると、その総量は何十億カロリーにもなる。一グラムのラジウムの原子核のなかには、これだけのエネルギーが蓄えられていたことになる。

第一次世界大戦も終わったころ、手のつけやすかった惑星電子に関する研究はおおかたやることもなくなって、そろそろ原子核のなかがどうなっているかを学者が気にしだした。しかし、なにしろ原子核はちょっとのことでは外から影響をあたえることができないので、その研究には実験技術の大きな進歩が必要である。お寺の内陣を拝観するには特別な資格やおさいせんがいるように、原子の内陣に入りこむにも特別な技術がいるし、またそのために費用もかかる。そんなわけで原子核の内部の様子がわかってきたのは、二十世紀も三〇年代に入ってからのことである。

どんな粒子があるのか

いろいろといきさつがあったが、一九三二年という年が一つのくぎりになった。この年になってつぎのようなことがはっきりしてきた。

原子核は、いちばん軽い水素の原子核からいちばん重いウランの原子核までたくさんの種類があるが、けっきょくどの原子核も二種類の基本的な粒子から組みたてられたかたまりである。その粒子の一方はプラスの電気をもった陽子という粒子で、もう一方は電気的に中性で陽子とほとんどおなじ重さをもつ粒子である。この粒子は中性子と名づけられた。原子核の重さのちがいはそれを組みたてている基本粒子の数のちがいであり、原子核の電気量のちがいはそのなかにいくつ陽子があるかによる。

いちばん軽い水素の原子核は一個の陽子そのものであり、つぎに重いヘリウムの原子核は陽子二個と中性子二個とで組みたてられている。いちばん重いウランの原子核は、九二個の陽子と一四六個の中性子とからできている。

原子核は、なにしろ十兆分の一センチという小さなものだから、中がどうなっているか、最も進歩した顕微鏡でも見るわけにはいかない。そこで、それがどんな粒子から組みたてられているかをしらべるには、すこし乱暴な手を使う。すなわち、原子核に、たとえばアルファ粒子をぶっつけてそれをこわしてみる。そしてどんなかけらが出てくるかをしらべる。物をぶっつけて何かをこわすことは、悪童だけでなく科学者にとってもおもしろいことなのだ。

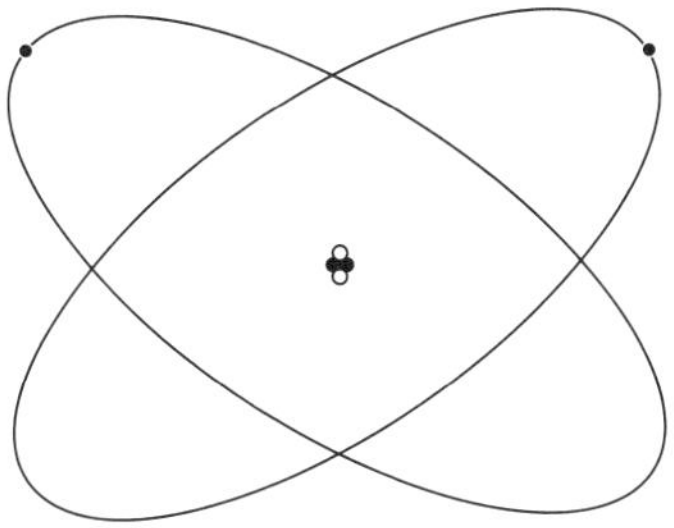

ヘリウムの原子模型

ラザフォードがこの方法ではじめて原子核破壊の実験に成功したのは、一九一九年のことであった。彼は、ラジウムからとび出してきたアルファ粒子が、空気中の窒素の原子核にぶつかってこれをこわし、水素の核が破片としてとびだし、残りが酸素の核になることをつきとめた。水素核は陽子であるから、陽子が原子核の構成要素であることがこれで明らかになった。

一九三〇年ごろから、ドイツの学者ワルター・ボーテ（一八九一―一九五七年）とH・ベッカー（一九〇五年―?）とは共同で、アルファ粒子をいろいろな軽い原子核にぶっつける実験をやっていた。そのとき、強い透過力のあるガンマ線が出てくることを彼らは見つけた。なかでもベリリウムという軽金属から出てくるガンマ線の貫通力はものすごいものであった。ラジウムから出るガンマ線はせいぜい一センチの鉛しかつきぬけないのに、このガンマ線は十センチの鉛の板を平気で貫通する。このベリリウムから出ている放射線は、じつはガンマ線ではなくてまったく新しい本体のものであることが後でわかったが、ボーテたちはそれに気がつかなかった。彼らは多分あとで、ほぞをかむ思いだったにちがいない。

中性子の発見

ラザフォードの弟子のジェームズ・チャドウィック（一八九一—一九七四年）は、前々からその師匠の説をなんとかして実証したいと考えていた。ラザフォードの説とは、電気的に中性で陽子とおなじくらいの重さを持った粒子があるのではないかという考えである。ラザフォードは、この種の中性粒子と陽子とから原子核が組みたてられていると考えると、原子核の重さとか電気量とかがひじょうにうまく説明されるという点からみて、この中性粒子をさがしもとめていたのである。

チャドウィックは、けっきょくボーテたちがガンマ線だと考えたベリリウム放射線の本体がこの中性粒子であることを発見したのだが、そのいきさつをつぎのように述べている。

……私自身、前々からこの中性粒子をなんとかして検出しようと試みました。放電管をいろいろなしかたで働かせてさがしてみたり、いろいろな放射性物質の放射線のなかをさがしたり、またアルファ粒子をいろいろな物にぶっつけておこる核破壊の破片のなかをさがしたり、そんなことをやってみましたが、みなだめでした。……ところで最近、ボーテとベッカーが軽い原子核にアルファ粒子をぶっつける実験をおこなってガンマ線が出てくることを見つけました。そのなかで、ベリリウムを用いたとき出てくるものは大変奇妙な性質をもっていて、それを説明するのは容易でありませんでした。そこで私はこの放射線は〔ガンマ線ではなくて〕例の中性粒子ではないかと考えました。そして、写真をとってみましたが、いくつかのありふれた現象は見つかりましたが、新しいものは何も見つかりませんでした。

しかし、これであきらめるようでは、科学者の資格はない。チャドウィックはここでことばを継いで、フランスのフレデリック・ジョリオ（一九〇〇―五八年）とその夫人イレーヌ・キュリー（ラジウムで有名なキュリー夫人の娘、一八九七―一九五六年）がおこなった実験の結果に言及している。二人もベリリウム放射線の本体を追求していたが、彼女は一つの奇妙な現象を発見した。

中性子の発見に向かっての実質的な一歩は、ジョリオとキュリーのみごとな実験によってはじめてあたえられました。彼らはベリリウム放射線をイオン槽（放射線の強さをはかる装置）で測りましたが、イオン槽の入口のところにパラフィンとかその他水素を多量にふくむ物質をおき、それを通して放射線をイオン槽に入れるようにすると、イオン槽におよぼす放射線の影響がとたんにふえることを見いだしました。このようなことは、ベリリウム放射線がガンマ線であるとしてはまったく説明できません……。

この放射線の奇妙な性質のほんとうの意味をジョリオたちは読みとることができなかったが、チャドウィックの頭にはそのよってきたるわけがただちにひらめいた。なぜなら、この放射線こそ彼が永年夢のなかでも忘れずにさがしもとめていたものであったので、彼の頭には、水素原子核とおなじ重さの中性粒子なら、水素をたくさんふくむ物質を通ると、このような特殊性をしめすことがすぐにぴんときたのである。

こんないきさつで中性子が発見され、また原子核は陽子と中性子から組みたてられているというラザフォードの予想は、いろいろな実験によってつぎつぎにたしかめられていった。

放射性同位元素

中性子という新しい粒子が見つかると、原子物理学者にとってまた忙しい仕事のたねができた。それは、この中性子をいろいろな原子核にぶっつけてこわしてみることである。この研究で最も大きな足跡を残したのはイタリアのエンリコ・フェルミ（一九〇一—五四年）だったが、彼はこの方法を用いて、ありとあらゆる原子核をすべてこわすことができた。またなかには、こわれるかわりに中性子が原子核のなかに入りこんで居すわることもしばしばおこった。いずれにしても、そのばあい、できた原子核はすべて放射能を持っている。このようにして、天然に存在していなかった多くの放射性元素が人工的につくられるようになった。それまで天然に存在していた放射性原子核の種類はせいぜい五十あまりだったのが、この方法でじつに六百種をこえる放射性原子核がつくられた。この人工的な原子核は、いわゆる放射性同位元素として現在いろいろな面に応用され、エレクトロニクスをもじったニュークレオニクスという名の技術がそこから発展してきている。ちなみにニュークレアスというのが核の原語で、その構成要素の陽子と中性子をひっくるめてニュークレオン（核子）とよぶ。

原子力利用の可能性

このころから、原子核物理も役に立つかもしれないと一般の人も思うようになってきた。十九世紀の末に芽を出したこの学問は、三十年以上ものあいだ、実利とは縁のない、科学者だけがいやにむきになっている役にも立たないものだと思われていた。科学行政家たちは研究予算をいつも出ししぶりながら、まあやらしておくさ、いずれなにか役に立つこともあろう、ぐらいに思っていた。しかし、こうして人工的に放射性元素がつくられるとなると、いろいろ応用ができることになる。

しかし、なんといっても原子力利用の可能性がわかったときほど、人々に原子科学の重大性を印象づけたものはなかった。とくにそれが原子爆弾のかたちであらわれたときには、原子科学者自身にとっても大きなショックであった。

原子核のなかに大きなエネルギーが蓄えられていることは知りながらも、原子科学者は一九三九年までそれを外に取り出して利用することはほとんどあきらめていたかたちであった。一グラムのラジウムは何十億カロリーものエネルギーを持っていても、それが出つくすには二千年待たねばならない。放射能は外からの影響を受けつけないので、これを一年間ではき出させることは不可能であった。原子核にアルファ粒子をぶつけるという手荒いやりかたでなら影響をあたえることができ、それをこわすこともできる。そしてこのとき出てくる破片は相当大きなエネルギーで飛び出してくる。しかしよくしらべると、その破片のエネルギーはいつもぶつけるアルファ粒子のエネルギーより小さいので、これではバランス・シートは赤字である。中性子はあまり大きなエネルギーでなくても原子核をこわせるけれども、そのときは出てくる破片のエネルギーもきわめて小さく、ここでもやはり借り方が貸し方より大きい。しかし、何の得にならなくてもやめられないというのが科学者の因果な性分である。

二つに割れたウラン核

キュリーがラジウムを発見してからちょうど四十年目の一九三八年に、ドイツの化学者オットー・

ハーン（一八七九―一九六八年）とフリッツ・シュトラスマン（一九〇二―八〇年）とは共同で大変な事実を発見した。キュリーも化学者であったが、この四十年目の大発見も化学者の手になったことは興味がある。

中性子をいろいろな原子核にぶっつけてこれをこわす実験は、フェルミとジョリオ・キュリーを中心としておこなわれていたが、彼らは水素から始まる原子核をかたはしからこわしていって、最後にウランをこわす段取りになった。ところで、じつはこの仕事は、物理学者よりむしろ化学者に適したものであった。なぜなら、ここでは電流計を読んだり写真をとったりする仕事よりも、こわれたものが何になるかをきめる化学分析が重要なきめ手であったからである。研究の成果はけっきょく化学分析の腕にかかってくる。

新しい発見はウランを中性子でこわす研究のなかにあった。フェルミもジョリオたちもこの研究をしていながら、一方は分析技術の不足から、一方は自分の技術に対する自信の不足から、また、たぶん物理学者としての常識にとらわれすぎて、大事な発見をとりにがしてしまった。

ハーンとシュトラスマンの二人は、フェルミらの実験を化学者として追試しているうちに、中性子をあてたときウランがこわれてできる物質が、フェルミやジョリオたちの発表したものとまったくちがっていることをつきとめた。

中性子にしてもアルファ粒子にしても、それをいろいろな核にぶっつけてこれをこわすとき、そのこわれかたは核からほんの小さなかけらが飛び出る程度であった。核から出てくるかけらは陽子とか、

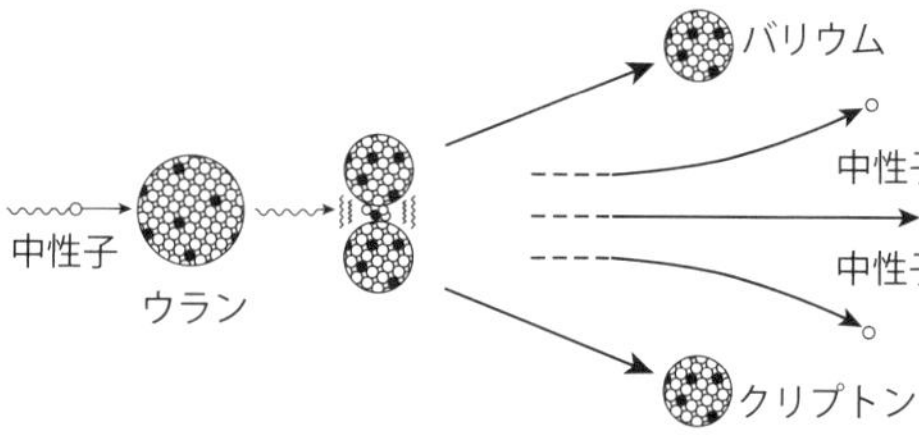

ウランの核分裂

中性子とか、電子とか、大きな破片といえばせいぜいアルファ粒子であった。したがって破片の飛び出した残りの原子核は、もともとの原子核とほとんどおなじ重さのものばかりである。そしてウランのばあいも、たぶんそうであろうというのが物理学者の常識であった。ハーンたちも、じつははじめこの常識にとらわれて、ウランがこわれると小さな破片が飛び出して、あとにはラジウムかアクチニウムかが残っていると考えた。彼らの分析の結果もラジウムとアクチニウムを検出しているように見えた。ラジウムもアクチニウムも、ウランにきわめて近い重さをもっている。

しかし、彼らは分析をやりなおしてみると、できているものはラジウムやアクチニウムではなく、どうしてもバリウムやランタンといったものであると結論せざるをえなかった。ところがバリウム核もランタン核も、どちらもウラン核の半分ぐらいの重さしかない。したがって、それがほんとうなら、ウラン核はいままで例のないこわれかた、すなわち、ほぼまっ二つに分裂すると考えねばならない。こんなこわれかたは物理学の常識から考えられることであろうか。

しかしハーンたちは、自分の分析の腕には自信があったので、翌年の一九三九年の初めにそれを発表する決心をした。その報告はつぎのようになっている。

……〔中性子をウランにあてたときできる原子核について〕いままでわれわれがラジウムおよびアクチニウムと考えていたものを、化学者としては、じつはバリウムやランタンであったと訂正しなければならない。しかし物理学者と密接な関連をもつ核化学者としては、原子物理学の従来のすべての経験に矛盾するような立場をとる決心はつかない。

この表現のなかには、一方では物理常識とあまりにも大きくくいちがった結論に対する心配と、一方では化学者としての自分の腕前に対する自信との微妙なかねあいがうかがえておもしろい。もっとも国会の答弁でこんなにえきらない言いかたをしたら、たいへんな野次をあびただろうが。物理学者の安易な常識の方こそ誤りであり、この実験事実は動かないことがデンマークのボーアを中心とする物理学者の手で、物理学的な実験法でうらづけられたのは、ハーンたちの発表があって一ヵ月もたたないうちであった。

原子力時代と科学者の良心

ウラン核の分裂してできた二つの破片は、ひじょうに大きなエネルギーで飛び散る。しかもこの現象をおこさせるもともとの中性子は、きわめて小さいエネルギーのものでよいことがわかった。ここではじめてバランス・シートの黒字になる現象が発見されることになる。原子力時代の幕はこうして開かれた。

この発見から三年後に、原子炉の第一号がフェルミの手でアメリカにつくられ、それからまた三年後にアメリカのニューメキシコ州アラモゴードの砂漠で、第一回の核爆発がおこった。

原子力の利用は、一方では人類に新しいエネルギー源をあたえ、社会にかぎりない利益をもたらすとともに、その悪用の害もはかりしれないことは、われわれ日本人が身をもって体験したところである。ピエール・キュリーは一九〇三年、そのノーベル賞受賞講演で、ラジウム発見の意義をいろいろ述べたあとをつぎのことばで結んでいるが、彼は、そのとき、すでに今日のことを予想していたようにみえる。このことばは、おそらくすべての科学者の共感するところだろう。

……犯罪人の手に入れば、ラジウムは大変に危険なものになるということも考えられることです。そこで、人間性にとって自然の秘密を知るということがいったいよいことなのでしょうかとか、人間性はそれによって利益を得るだけじゅうぶんに成熟しているのであろうかとか、そういった疑問が心に浮かびます。……私はノーベルとともに、人間性が新しい発見から悪よりもより多くの善を引き出すものと信じるものの一人です。

（『世界の歴史16　現代——人類の岐路』、中央公論社、一九六二年）

新たなモラルの創造に向けて――科学と人類

あなたがたの人間性を心にとどめよ、そして他のことを忘れよ

今日の世界には人口、食糧、資源、エネルギーなどに関連して、人類の存続にとり重大な問題が数多く横たわっています。なかでも第二次世界大戦の終り近く核兵器が出現し、それがわれわれに投げかけた問題は、その解決に失敗すれば人類の絶滅さえも起りかねないような致命的なものであります。今から二十年前、ラッセルとアインシュタインは、われわれ人類が直面するこの悲劇的情勢に注意を喚起し、それから脱却する方途を見出す努力を世界の科学者および一般の人々に呼びかけ、戦争の廃絶を強く訴えたのであります。

この訴えは今日応えられているでしょうか。残念ながら、われわれはこれに肯定的な答えを与えることはできません。それどころか事態は二十年以前よりなお悪化しているとさえわれわれは考えます。

この二十年間に米ソ両国の核競争は、たび重なる両国間の話合いにもかかわらず、また国連で表明

された国際世論の強い要請にもかかわらず、結局は激化の一途をたどり、さらにコンピューターや宇宙開発技術の発展と結合して、二十年前には誰も予想しなかったほどの巨大な核兵器体系が作り上げられるに至りました。一方この間に世界は二つのイデオロギーに基く二極的な冷戦構造から、複雑で多極的な社会的・経済的構造に移行し、核爆発装置製造の容易化と、核エネルギー平和利用の副産物であるプルトニウム生産の増大などが相まって、核兵器保有国増加の傾向が懸念されてきました。これら一連の動きを通観しますと、核保有肯定論の基礎にある核抑止体制の安定性が技術突破（technological breakthrough）による均衡の破れの前にいかに脆弱なものであるかが明瞭に跡づけられ、科学・技術の進展がとみに速さを加えた今日の世界では、もはや安定した核抑止体制はひと時の間も存在しえなくなったとわれわれは考えざるをえません。仮りに何歩かを譲って、何らかの国際的取決めによって、核戦争が停止され、核兵器保有国の増加が防止されたとしても、コンピューター化された巨大な核抑止体制は人類の存続にかかわる核の引き金を少数の政策決定者に委ねるという未曾有の権力集中を必要とし、この非人間的な機構の中でわれわれすべては、いわば総ぐるみ人質としての生に甘んじねばならないのであります。このような状況に人間は長く堪えることはできません。

今や新しい途を見出すべき時であります。よく言われますように、核兵器体系は人間が作り出したものであるから、人間がこれを廃絶できないはずはないと。しかし核抑止体制のもとで今まで行われてきたことは、弱さを感じた側が均衡の回復を欲するとき、いつも力の増強を要求するという、軍事的・戦略的発想が結局は容認されるという結果に終っております。このようなやり方の中から核兵器廃絶に向っての流れが生まれえないことはむしろ当然でありましょう。ここに至って、核兵器を廃絶できるのはあくまで「人間」であって、軍事科学者や軍事専門家の集団ではないことにわれわれは気づかねばならないのです。

このような事態に直面して、われわれは、ひとりひとりが人間として、互いに協力しみずから核兵器廃絶の具体的方策を構想しようと思います。これは国際的な問題であると同時に、それぞれの国の政治的・経済的構造と複雑に関係した問題を含み、その道は決して容易なものではないでしょう。しかし核兵器開発競争の加速度的進展と核兵器保有国の急激な増加傾向の成行きを軍事専門家にまかせ、ただ手をこまねいて見ているわけにはいきません。

このような作業を進めるにあたって、われわれは、科学研究とその応用に関して新しいモラルを創造する重要性を痛感します。現在まで科学者や技術者の間でしばしば言われてきました――科学は本来没価値的なものであり、モラルといったものは科学の埒外にあると。しかし現在の諸科学は昔のように、それぞれが固有の対象分野と固有の方法を持つところの離ればなれな体系ではなくなりつつあります。それぞれの科学は、その著しい発展の結果、現在では相互にその境界を接し、あるいは相互に浸透し、さらに技術を通じて産業と結びつき、広く政治、経済、その他のあらゆる分野とからみ合って複雑なリンクを作っています。その結果、科学の一つの分野で得られた成果や、そこで用いられた方法が、予想しがたい形で思いがけない他の分野に影響を与え、さらに良きにつけ悪しきにつけ、社会に大きな影響を与えます。しかも情報化された現在の社会では、そのことが思いもかけず速かに起ります。このようにすべての事柄が浸透し合った今日、モラルに対する古典的な考え方を新たな目で見直さねばならないのではないでしょうか。

しかしこの問題は、今述べました複雑なリンクの一つ一つを解きほぐし、そのあらゆる面から追求することが要求される困難なものでありましょう。しかし、新しく見出されるモラルがどのようなものであるにしても、今すぐにでも言いうることは、たとい科学が没価値的なものであったとしても、科学者が一歩書斎や実験室から外に踏み出すや否や、従来にも増して謙虚な心でその声を聞かねばならぬ何ものかでそれはあるだろうということです。そしてそこには、すべての人が基本的生活権(right of life)を享受できるような状態へ向けて行動すべきである、という歴史的命題が含まれねばならないでしょう。地球のある場所では巨大な資金が惜し気もなく兵器の開発につぎこまれている一方、他の場所では旱魃や洪水にいためつけられた人々が貧困の中で病いや飢えに倒れていくのをわれわれは見ました。われわれはさらに悲劇的なインドシナの歴史に触れないわけにはいきません。そこでは、科学、技術、軍事工業等々の不吉なリンクから出現したあらゆる種類の複雑化された(sophisticated)新兵器による戦争に巻き込まれて、犠牲者たちは、家を破壊され家族を失い、廃墟の中を力なくただ平和の再来を望みつつさまよっていたのであります。このような状況に心をいためない科学者が一人もいないことをわれわれは願うのであります。

軍事科学者や軍事専門家のなしえないことを「人間」がなしうるであろうという期待は、謙虚な心に響くこの声に対する期待でありましょう。この声をモラルと名づけるかどうかは別として、それは人類が生き続けてきた社会生活の長い営みの中で、おのずから生み出され積み重ねられた、またこれからも積み重ねられ続くであろうところの生きるための智恵であります。今から二十年前、ラッセルとアインシュタインは、その宣言の終りに言っています。「……私たちは、人類として、人類にむかってうったえる――あなたがたの人間性を心にとどめ、そしてその他のことを忘れよ、……（We appeal, as human beings, to human beings: Remember your humanity, and forget the rest....）」と（湯川秀樹・朝永振一郎・坂田昌一編『平和時代を創造するために』、岩波新書、一九六三年、一七九頁）。ここに言われている人間性という言葉を、われわれはすべての人間が持つところの、その生き続けるための智恵と解したいのであり、また忘れよと言われている他のことは、当時はイデオロギー、国籍、人種、宗教、等が含意されていましたが、現在の状況のもとでわれわれはそれをむしろ価値観を退ける狭い専門家的思考形式であると解したいのであります。

　核兵器廃絶の道を求めるという困難な課題をわれわれはあえて選びましたが、問題はいろいろな分野の科学および技術、さらに広く政治、経済のみならず、思想、宗教などと深く結びついているに違いありません。従って、その解決には、あらゆる分野の人たちの協力の場が作られ、そこにあらゆる知識と智恵が出し合われることが不可欠でありましょう。われわれはパグウォッシュ会議こそ正にそれにふさわしい場であると考え、多くの人々がこの歴史的事業に参加協力されることを訴えるのであります。

（『世界』一九七五年十二月号に初出。『核軍縮の新しい構想』収録、岩波書店、一九七七）

パグウォッシュ会議の歴史

一　パグウォッシュ会議の門出と成長

パグウォッシュ会議の背景

第二次世界大戦後、世界の多くの国で、また国際的な規模で、平和運動を行なう団体が結成され、また、いろいろ会議等が催されているが、その中で最も特色のあるものの一つは、いわゆるパグウォッシュ会議である。この会議の特色は米ソを含む多くの国の科学者、特に原子物理学者が中心となっていること、戦争と平和の問題を科学者の立場から検討することを目的としていることである。かつてはこのような国際政治に関する問題について科学者はどちらかというと無関心であり、またそれが当然であるように思われていた。しかし第二次大戦中に核兵器が作られ、しかも水素爆弾の出現によってその破壊力はますます恐るべきものとなり、原子科学者を中心にして、戦争のもつ含意を科学者自身よく考えなければならないという風潮が生まれてきた。この風潮の一つのあらわれがパグウォッシュ会議である。

パグウォッシュ会議は一九五七年に第一回が開かれてから一九六二年までに回を重ねること十回に及んでいる。第一回会議の開かれた場所がカナダのパグウォッシュというところであったので、その後、いろいろな場所で開かれているが通称ではいつもパグウォッシュ会議という名称でよばれている。正式の名前は「科学と国際問題に関する会議（Conference on Science and World Affairs）」である。

ラッセル・アインシュタイン宣言

第一回会議の開かれる二年前の一九五五年にイギリスの哲学者ラッセルと有名な物理学者アインシュタインの二人が、いわゆるラッセル・アインシュタイン宣言を発表してひろく世界の科学者に訴えた。この宣言の趣旨は、核兵器の発達によって人類は大きな危機に直面していること、そしてどうすればその危機から人類がのがれ得るか科学者自身考えることを求める、というものであって、そのために科学者が会議を開くよう要請したものであった。

第一回のパグウォッシュ会議は、このラッセル・アインシュタイン宣言を受けて二年後に開かれることになったのである。

パグウォッシュ会議には共産圏の科学者も非共産圏の科学者も共に参加している。それならば、このようにイデオロギーが異なり、事あるごとに対立し争っている国々の人が一つの会議で話合いを行なうとき、共通の基盤になるものは何であるか。

それは共に人間であるということ、ひとしく危機に直面している人類の一人であるということである。ラッセル・アインシュタイン宣言はこの点を極めてはっきりとうちだしている。

私たちがいまこの機会に発言しているのは、あれこれの国民や大陸や信条の一員としてではなく、その存続が疑問視されている人類、人という種の一員としてである。世界は紛争にみちみちている。そしてすべての小さな紛争の上にかぶさっているのは、共産主義と反共産主義との巨大なたたかいである。政治的な意識をもつ者はほとんどみな、これらの問題のいくつかに強い感情をいだいている。しかし、もしできるならば、皆さんにそのような感情をしばらくわきにおいて、ただ、すばらしい歴史をもち、私たちのだれ一人としてその消滅を望むはずがない生物学上の種の成員として反省してもらいたい。私たちは、一つの集団に対し、他の集団に対するよりも強くうったえるような言葉は、一言も使わないようにこころがけよう。

またこうも言っている。

私たちはあらたな仕方で考えるようにならなくてはならない。私たちはどちらの集団をより好むにせよ、その集団に軍事上の勝利をあたえるためにどんな処置がとられうるかを考えてはならない。なぜなら、もはやそのような処置はないのだから。私たちが考えなくてはならないのは、どんな処置をとればすべての側に悲惨な結末をもたらすにちがいない軍事的な争いを防止できるかという問題である。

これらの数節がパグウォッシュ会議参加者のとるべき基本的精神をあらわしているのである。

第一回パグウォッシュ会議の開かれるまで

ラッセルとアインシュタインのよびかけは直ちに十一名の科学者の賛成を得たので、ラッセルはこの趣旨にもとづく会議の開催を実行に移そうとして賛成者の一人であったイギリスの物理学者パウエルに相談して協力を求めた。一九五五年にラッセル・アインシュタイン宣言の出る前から、いろいろな国々に、また国際的にも、科学と平和の問題に関心をもっている科学者がいろいろな団体を作っていた。中でも国際的な大きなものとして、世界科学者連盟というのがあって、パウエルはその有力なメンバーであった。しかし、ラッセルはそういう既存の団体が彼の考えている会議を主催することは好ましくないということを非常に強く主張した。その理由は、ラッセル・アインシュタイン宣言の基本的な精神にもとづいているものと思われる。すなわち、会議参加者は、この国とかあの国とか、またはこの信条とかあの信条とかの団体の一員としてではなく、人類という一生物種族の一員として問題にとりくまねばならない、という精神からいって、既存のあらゆる団体と無関係に、真の意味で中立的で独立な形のものでなくてはならないという考えである。ラッセルのその会議への招待状にも、参加者は特定の団体、あるいは国を代表するものではなく、自分自身の良心だけを代表するものである、そう考えてほしいと言っている。

こういうわけで、一九五七年に第一回の会議がいよいよ開かれることになったが、何しろ初めての会議であるので、どちらかというと小ぢんまりとした会議が企画された。アメリカ七名、ソ連三名、日本三名、イギリス二名、カナダ二名、あとオーストラリア、オーストリア、中国、フランス、ポーランドから各々一名、といった参加者であった。大部分は物理学者であったが、生物学者、医学者、化学者なども少数入っており、法律関係の学者も一名加わっていた。

さきほどのべたように、科学者は軍縮とか平和とかいった政治に関係する事柄については、むしろ発言しない方がよいといった消極的な考えが一九五七年ごろにも相当強く、またこの頃まではソ連の学者とアメリカの学者とが、そういった政治に関係する問題について話合うというようなことは空前のことであり、はたして会議がうまくいくかどうか発足前には大いに疑問がもたれた。したがって主催者側では合意に達して声明をまとめるというようなことは予定せずに、とにかく話合いをしようという考えで会議を用意した。意見の一致よりも話合うこと自体に意義があるのだというような考えかたで会議が開かれることになったのである。

第一回　パグウォッシュ会議（一九五七年）

第一回パグウォッシュ会議で取上げられた議題は、大体三つにわけられる。第一は「原子エネルギーの利用（平和、戦争両目的を含めて）の結果起る障害の危険」、第二は「核兵器の管理」、それから第三が「科学者の社会的責任」である。

まず第一の問題については、その当時いろいろな説があった。たとえば核実験の放射性降下物の害について、日本人は少し神経質すぎるという批判もあり、また日本の科学者の間では、アメリカの学者、とくに原子力委員会（ＡＥＣ）すじの学者の見解はあまりにも楽観的すぎるといったような批判があり、一体どちらが正しいのか大きな問題になっていた。しかし、その頃から放射線の遺伝的影響については、学説がだいたい確立されてきたということ、また放射性降下物の地表での蓄積のデータがかなり集積されてきたこと、この二つのことからこの会議では相当程度の客観的な検討が可能であった。日、英、米、ソ各国からのデータをつき合せ、またこの会議には遺伝学者のムラーも来ていたので、その学説にもとづいて計算をやってみた結果、最後には、見かけ上の見解の相違は、実はいろいろ見おとしていた要素からくるものであったり、異なった近接法によるものであったりしたことが明らかになり、それほど大きな食いちがいはないということがわかった。放射性降下物は遺伝的障害のほかに身体的障害を引きおこすが、それについては遺伝の場合ほど確立された学説がないので、その評価にはまだ不明な要素が含まれている。しかし、この学説をとればこうなる、あの学説をとればこうなるといった評価は可能であり、それについても一致した結論に達した。煩をいとわずそのときの結論を引用すると、「もし白血病や骨癌の発生が放射線量に比例してあらわれるという学説をとるならば（さきに放射線の身体的障害については学説が確立されていないと述べたが、もう一つの学説は、障害は線量に比例してあらわれるのでなく、ある量以下の線量では障害は全くあらわれなくなるというものである）、今まで（一九五七年まで）の実験はこの二、三十年間に、自然に発生するそれらの病気に約一パーセントを加えることになろう。これは三十年間に約十万人の患者の増加を意味する」といっている。

この第一の議題はほとんど純粋に科学的な問題であって、客観的なデータにもとづいて検討のできるものである。したがって比較的簡単に意見の一致を見たのである。それからまた、第三の「科学者の社会的責任」についても、科学者であるが故に何も普通の人と特別ちがった社会的責任を持たねばならぬはずはない、といった考えの人は、もともとこの会議に出てくるわけはないので、この点でも意見の一致をみた。以前からあった考えかたとして、科学、特に純粋自然科学には真か偽かという価値規準はあっても、善悪のそれはない、というのがある。科学の成果は善用もできれば悪用もできる。その場合、どちらの使い方をするかは、科学者の本務とするところの法則追求とは別のことであり、科学の成果が悪用されることに対して、民主社会の市民としての責任はあるとしても、それ以上に科学者であるが故に負わねばならぬ特別な責任はない、という考え方である。この考え方はたしかにそういう面もあるであろう。科学者が実験室で法則追求の仕事をしている間は、真偽以外の価値規準を介入させることはたしかに邪道である。しかし、科学者の仕事は法則の発見と共に終るものと考えてよいものであろうか、という疑問が新たに生まれてきたのである。

こういう疑問は次のような事態から生まれてくる。

昔は科学者の発見した自然法則が実際上の影響を社会に与えるまでに時間がかかった。多くの発見は、発見者の死んだあとに初めて社会に影響を与えるのが通例であった。したがってその影響に対して発見者は、あの世からこの世に口が出せない限り、何としても手の出しようのないことであった。しかし現在では事態が異なる。発見の多くは直ちに新技術の開発となり、その社会的影響は善悪いずれにせよ直ちにあらわれる。科学者はその目でその影響を見うるし、しようと思えば、それを善の方に、また悪の方に向けることもできる。一歩ゆずって、善悪どちらの方に向けるかという決定は科学者以外の人がするとして、どういう使い方をすれば善になり、どういう使い方をすれば悪になるか、また、善用がどれだけ好ましいものであり、悪用がどれだけ破壊的なものであるかの正しい評価は科学者が科学上のデータに立って初めて行ない得ることである。したがって、少くともここまでの作業の責任は、科学者が負わなければ誰も負うことのできないものである。すなわち科学者の任務は、法則の発見で終るものでなく、それの善悪両面の影響の評価と、その結論を人々に知らせ、それをどう使うかの決定を行なうとき、判断の誤りをなからしめるところまで及ばねばならぬことになる。この場合、科学利用の方向の決定者は直接には政治家であろうが、民主社会においては、間接には世論である。

第二の議題「核兵器の管理」に入ろう。この問題については、たとえば探知、査察の可能性の問題のように純粋に科学技術的な要素のほかに、複雑な政治的要素がたくさんに含まれているので、一回の会議で意見が一致することは期待する方が無理である。したがってこの会議で答が出たとは言えない。しかし、管理に伴って必要な科学技術的な問題についての検討はある程度客観的に行なうことができた。たとえば核実験については、その探知はかなり容易に行なうことができるといったこと、また核兵器の製造の探知はそれほど容易でないが、ある程度の見おとしを許容するなら不可能ではないとか、これに反し、核兵器をひそかに貯蔵しておくことを探知することはほとんど不可能であるといったような結論が検討の結果得られた。したがって、核兵器の禁止に進もうとする場合、協定破りを一〇〇パーセント見やぶる技術的方法が見つからなければ進まないといったような考え方では一歩の前進もあり得ないわけで、他の面から問題に取りくまねばならぬといったような結論が客観的に出てくることになる。

それでは他の面から考えてどんな方法があるか。この点についてはこの会議で答を出すことはできなかった。しかし、いろいろ意見の一致した点もあった。たとえば、国際間の不信感が結局は軍備競争を激化し、兵器の管理を困難にしていることは明らかであるから、この不信感を除去することは少くともとらねばならぬ一つの手段である。そのために科学者が国際的な協力、共同作業を進め、先ず科学者の間に相互信頼の空気を作ることが案外有効であるかもしれない、といったような点で参加者の意見は一致した。そして、参加者一同、この会議は非常に意義があったという点でも意見の一致をみて、解決できなかった問題については、さらに回を重ねて会議を開こうということになった。最終日には、初めには期待していなかった声明もまとまり、ほとんど全会一致でそれを採択することができた。

以上、第一回の会議の模様に相当な頁数をさいたが、それは、この第一回会議がその後の会議の一つの原型を示していることと、この会議で少くとも参加した二十数名の科学者にはパグウォッシュ会議の基本的精神といったものが定着した、ということを強調したかったからである。この会議の二日目に、ソ連の参加者の一人が、この会議を宣伝の場所にしないようお互いに気をつけようと発言した。パグウォッシュ会議は開催のたびごとに参加者も変り、あるときはかなり政府すじに近い科学者も出てくるが、参加者は国を代表するものでないというもともとの精神と共に、宣伝の場所にしないという精神は常にひきつがれていたと言ってよいと思う。

第二回パグウォッシュ会議（一九五八年）

第二回パグウォッシュ会議は一九五八年の三月の終りから四月のはじめにかけてカナダのラク・ボーポーという所で開かれた。この時期は、ちょうどロンドンでの軍縮会議が失敗に終って国際緊張が強まったときである。そこでこの第二回会議は、差し迫った問題を中心に考えようという趣旨で開かれた。この会議には主題がかかげられていて「現在の状況の危険性とそれを軽減する方法」となっている。この第二回会議も少数の参加者で行なわれ、日本からの参加はなかった。会議の席では、その時の緊張した事態と直結して討論が進められ、非常に突っ込んだ討論が行なわれている。この会議は始めから声明など出さぬ方針で、むしろ言いたいことを言い、聞きたいことを聞くという趣旨であったように見える。このときの議題目録を見ると「現在の状況の危険性」、「目前の危険をなくする方法」、「緊張をゆるめるにはどうしたらよいか」などである。日本からの参加者はなかったが、会議の記録が日本にもとどいているので、それを通じてその様子をうかがうことができる。それによると、いろいろ具体的な議論が出たようである。たとえば査察の問題、海外基地の問題、非核武装地帯の問題、軍縮をどういう順序でやっていくかの問題などである。この会議で一つ注目してよいことは、差し迫ってこの問題が中心となったわけであるので、大いに現実的な議論が行なわれたことである。現実的な議論というと、核兵器のもっている抑止力、すなわち、核兵器の存在が戦争を思い止まらせる力になっている、ということが、少くとも現在の時点では事実である、という立場に立って、この考え方でさしあたって戦争を防ぐことはできるのではないかという議論である。この抑止力にたよるという方法は、報復される恐れによってどちらも手が出せないであろうという考え方にもとづいている以上、先に手を出した方が相手の報復力を一挙に破壊するような、いわば先手必勝の状態ではその神通力を失ってしまうにちがいない。したがって、先手必勝にならないという意味で両陣営の核兵力はつりあっていなければならない。ところで現状のように核兵器の製造開発が野ばなしの状態にあると、このつりあいを保つことは出来ず、両陣営は互いに相手が先手必勝体制になることを恐れるから、何とかして自己の優位をめざし、ここに限りのない核軍備の競争がおこる。これは極めて危険であるから、核兵力をつりあいにまでもって行き、その抑止力を発揮させようという提案である。そして実際そのための具体的な方法も考えることができるという主張があった。提案された具体的方法の主要点は大体次のようなものである。

(一) 核報復力が第一撃によって破壊されないように両陣営とも難攻不落の、あるいは移動性のある報復基地を作っておくこと。

(二)　核報復力はそれらの基地を破壊するには不十分であるが、都市を破壊するには十分である程度の最小限に両陣営ともにおさえておくこと、いわゆる最小限抑止という考え方である。

しかし、このいわゆる安定した最小限抑止論に対しては反論もあり、また、これに賛成するものも、ただ過渡的な方法としてだけであって、この種の方法が窮極的解決になり得ないことは、第三回のパグウォッシュ会議で確認されたところである。しかし、こういう議論も決して無駄ではない。なぜなら全面完全軍縮に進むにしても、その過程での一段階として最小限抑止の時期を経なければならぬかもしれないからである。

この第二回会議は、一致した見解を結論としてまとめていない。しかしとにかく科学者の考えていることを、一致したものも不一致のものも、ありのまま世界各国の為政者に見せようということになり、いろいろな国の政府にその記録が送られた。それに対して、多くの国の政府高官から礼状が会議の事務局に送られている。アイゼンハワーに代ってアメリカ国務長官から、ネールやフルシチョフは自らの手で、ローマ法王からはしかるべき役僧から、そのほかいろいろの国の首脳から、自分たちにも大いに参考になるといったような長文で鄭重な礼状がよせられたということである。あとで聞くところによると、ミスター・キシに送ったけれど、外務省の役人から有難く受取った、総理にお渡ししました、という手紙が来ただけだということである。

パグウォッシュ会議の歴史

第1回　1957年7月　Pugwash（カナダ）
アメリカ7、ソ連3、日本3、イギリス2、カナダ2、オーストラリア、オーストリア、中国、フランス、ポーランド各1。
①原子エネルギーの利用（平和、戦争両目的を含めて）の結果起る障害の危険　②核兵器の管理　③科学者の社会的責任

第2回　1958年3月〜4月　Lac Beauport（カナダ）
「現在の状況の危険性とそれを軽減する方法」
アメリカ8、ソ連4、イギリス4、カナダ2、オーストリア、中国、フランス、西独各1。
①現在の状況の危険性　②目前の危険をなくする方法　③緊張をゆるめるにはどうしたらよいか

第3回　1958年9月　Kitzbühel & Vienna（オーストリア）
「原子時代の危険性、および科学者はそれに対して何をなし得るか」
アメリカ20、ソ連10、イギリス7、日本5、西独5、フランス4、インド3、カナダ2、イタリア2、チェコスロヴァキア2、東独、オーストリア、オーストラリア、ブルガリア、デンマーク、ハンガリー、オランダ、ノールウェー、ポーランド、ユーゴスラビア各1。
①核戦争の帰結　②軍縮についての技術的の面　③軍縮についての政治的の面　④科学時代に生きること　⑤国際的共同作業　⑥科学者の責任

第4回　1959年6月〜7月　Baden（オーストリア）
「軍備管理と世界の安全保障」
アメリカ12、ソ連6、イギリス3、オーストリア、カナダ、中国、西独各1。
①奇襲攻撃に対する安全保障　②核兵器の拡散防止　③核実験の管理　④兵力ひきはなし　⑤ミサイルと人工衛星の管理　⑥軍備競争における心理学的な面

第5回　1959年8月　Pugwash（カナダ）
「細菌兵器と化学兵器」
アメリカ8、イギリス5、ソ連4、カナダ4、フランス2、デンマーク、インド、スウェーデン各1。

第6回　1960年11月〜12月　Moscow（ソ連）
「軍縮と世界の安全保障」
アメリカ24、ソ連21、イギリス8、中国4、チェコスロヴァキア3、フランス、

東独、西独、ポーランド各2、ハンガリー、オランダ各1。
①軍備競争と軍縮交渉の歴史　②限りない軍備競争の危険性　③実験停止交渉の現状　④世界安全保障体系の問題　⑤包括的軍縮のプラン　⑥軍縮に関する政治的・経済的および技術的問題　⑦奇襲攻撃　⑧運搬手段の管理　⑨安定した世界のための基礎

第7回　1961年9月　Stowe（アメリカ）
「純粋および応用科学における国際協力」
アメリカ20、イギリス9、ソ連8、オーストリア、オーストラリア、ブラジル、ブルガリア、西独、ハンガリー、イタリア、日本、オランダ各1。

第8回　1961年9月　Stowe（アメリカ）
「軍縮と世界の安全保障」
アメリカ21、ソ連11、イギリス7、フランス2、オーストラリア、ブルガリア、カナダ、西独、ハンガリー、日本、オランダ各1。
①核分裂性物質の生産の縮減と貯蔵をなくすこと　②核兵器運搬体系の問題　③軍縮プランの第一歩　④全面完全軍縮　⑤軍縮交渉が成功するための前提条件

第9回　1962年8月　Cambridge（イギリス）
「軍縮と世界の安全保障」
アメリカ18、ソ連18、イギリス12、チェコスロヴァキア3、フランス2、西独2、オーストラリア、ブラジル、ブルガリア、デンマーク、ハンガリー、インド、日本、オランダ、パキスタン、ポーランド、ルーマニア、ユーゴスラビア各1。
①国際管理の下での大量殺戮兵器およびその運搬手段の削減と撤廃　②通常兵器のつりあいのとれた削減および撤廃　③国際緊張を少くするための政治的・技術的諸方策（核実験禁止問題も含まれる）　④軍縮後の世界における安全保障　⑤軍縮の経済的側面

第10回　1962年9月　London（イギリス）
「科学者と国際問題」
アメリカ42、イギリス30、ソ連22、フランス10、西独7、チェコスロヴァキア6、オランダ5、オーストリア4、オーストラリア、カナダ、ハンガリー、イタリア、日本、ポーランド、スウェーデン、ユーゴスラビア各3、デンマーク、ガーナ、イスラエル、ニュージーランド、ノールウェー、スイス各2、ブラジル、ブルガリア、ギリシャ、アイスランド、インド、アイルランド、レバノン、マラヤ、ナイジェリア、パキスタン、ルーマニア、南アフリカ連邦、スペイン、アラブ連合各1。
①社会における科学者の地位　②科学者と世界の安全保障　③科学における国際協力　④開発途上の国への援助における科学　⑤科学と教育　⑥今後の組織に関する一般的討論

パグウォッシュ会議の二つの型

余談はさておき、この第二回会議では、先にも述べたように、技術的にも政治的にも複雑な問題を現実から浮き上がらないで討論しようというのであるから、そう簡単に一致した答が出なかったことは当然と言えよう。いろいろ突っ込んだ討論をしている途中で、どちら側も自説を主張し、相手の見解に反対するということもしばしば起ったが、反対には常に理由がつけられているので、互いに相手の立場にもそれなりの理由のあることを理解することができ、場合によっては自己の考えが偏見にもとづいていることを発見することができ、異なる発想法のあり得ることを知り、それらが次の話合いに対して非常に有用な第一段階になった、と考えられた。

この第二回会議はその性格において第一回のそれとかなりおもむきが異なっている。すなわち、第一回会議は、どちらかというと、長期的観点に立った総論的・抽象的なものであって、また一致点を互いに確認し合うことに重点がおかれたが、第二回のは、短期的観点に立って、各論的・具体的であり、あえて一致点を見出すより、どういう理由で見解が分れるかという分析に重点がおかれた。その意味で、第二回会議は、パグウォッシュ会議の第一回のそれとは別の原型であると考えられる。その後一九六二年までに十回のパグウォッシュ会議が開かれているが、それらは大体交互にこの二つの型のものとなっている。

残りの八回の会議についていちいち詳しく述べることは、あまりにも煩雑になるのでここでは省略して、それらについては会議の日どり、場所、取上げられた議題、参加者の数、国別などを表の形であげるに止めるが（別表参照）、それぞれの会議において特徴的であった点を少し述べたいと思う。

第三回パグウォッシュ会議、ウィーン宣言（一九五八年）

第三回の会議は、表で見られるように非常に大きな会議になった。この会議は第一回の会議と似た性格で、声明も作られ発表された。この声明は相当長いもので七章からなっているが、はっきりと核戦争のみならずすべての戦争を廃絶すべきことをうたっている。すなわち、たとい軍縮協定が結ばれ、核兵器がすべて放棄されても、核兵器を作る知識を捨て去ることはできないこと、したがって一たん戦争が始まれば、いくらかでも工業力を持っている国は核兵器を作りそれを使用する誘惑に打勝つことは極めて困難である。したがって戦争そのものを人類社会から抹殺しないかぎり、結局人類は破滅の危機からのがれることはできない、というのがその趣旨である。すなわち、ただ核兵器だけを禁止しても、一部の軍備だけを制限しても、戦争を廃絶しないかぎりだめなのだという考え方である。戦争放棄という考えは、理想主義者の夢にすぎないとしばしば言われるが、核兵器を作る知識を人類が獲得した時代になっては、それはどうしても実現しなければならない現実の課題になったのである。この第三回会議の声明はウィーンで発表されたのでウィーン宣言とよばれている。この声明がウィーンの体育館で広く市民の前に発表されたとき、市民にまじってオーストリアの大統領が聴衆席にすわって耳をかたむけていたことは印象的であった。

第四回・第五回パグウォッシュ会議（一九五九年）

次の第四回会議はふたたび第二回会議の型のものになり、ここで取上げられた議題の中には「奇襲攻撃に対する安全保障」、「核兵器の拡散防止」の問題などがある。この会議はヨーロッパ・パグウォッシュ会議とも呼ばれているが、主としてヨーロッパの問題が中心になった。したがってヨーロッパにおける兵力引きはなし、非核武装地帯などの問題がかなり突っ込んで論ぜられたようである。核兵器拡散防止は米ソ両方が利害を共通に持っている問題で、どういう話に結着したか興味のあるところであるが、この会議は声明も出さず、記録の頒布もなかったので残念ながらこれ以上述べることはできない。

第五回会議は核兵器の問題でなく、化学兵器、細菌兵器の問題が中心になった。これらの兵器の破壊力は核兵器に比べると小さいかもしれないが、安上りに作り得ることと、工業力のない国でも作り得るという点から、やはり極めて危険なものであるという結論が下された。

第六回パグウォッシュ会議（一九六〇年）

第六回の会議はモスクワで開かれた。これまでの会議はすべてアメリカ、ソ連以外の国、しかもカナダとかオーストリアとか比較的中立的な国で開かれたが、この回と次の第七回、第八回の会議は、意識してこの対立する米ソ二国の中で開かれることになった。

これまでの会議でもちらほらと話題になったが、ここではじめて正式に全面完全軍縮という議題が取上げられた。全面完全軍縮に向って進むべきことは、すでに第三回会議において戦争廃絶の必要性を確認したことの当然の帰結であるが、そのための方途を見出すことがこの会議の一つの課題になって来たわけである。また、軍縮途上における経済の問題もいよいよ検討を始めなければならない。これもこの会議の重要な課題となった。その他、核兵器の運搬手段の管理の問題もここで正式に登場している。

この第六回会議は、第一回と第二回との性格を合せもったもののようである。したがって、相当な部分の意見の一致と共に、一致しないものもあり、後者の問題についてはさらに回を重ねて解答を見出して行くことが申合わされた。

第七回パグウォッシュ会議（一九六一年）

第七回目はアメリカで開かれた。この会議は、科学における国際協力の問題が中心になった。現在軍縮を困難にしているのは、対立する国の間の不信感と恐怖感であるので、多少まわりくどい途であるにしても、何かこれを取除く方法を見出す必要性が痛感される。第一回および第三回の会議でもこのことが確認され、科学上の国際協力によっていろいろな国の科学者たちが人類全体のためになる建設的な共同作業を行なうことが、先ず科学者の間の不信感をとりのぞき連帯意識を作り上げるであろう。何といっても科学者は核兵器の開発に大きな役目をしているので、対立する国の科学者の間に不信感があるとすればそれは非常に危険なことである。共同作業はこの危険を軽減するだけでなくその結果が人類の幸福を増進するという点で非常に意義があると考えられた。そのよい例は南極における観測事業である。この事業がなかったら、南極の土地をある意味で、個々の国の主権から切りはなし、人類共同の土地にしよう、という南極条約といったものも、あのようにすらすら成立したかどうか疑わしい。すでに第三回の会議でこの種の共同作業について数多くの提案が出されたが、それらを正式に取上げて論議する時間がなかったので、それは一つの宿題として残されていた。それを第七回会議では中心課題として取上げたのである。

ここではいろいろな提案がなされた。基礎研究から応用研究にわたり、また理学、工学、医学、農学等、あらゆる分野にわたり、地底から海中さらに宇宙空間にまでひろがり、あらゆる開発事業が論ぜられた。この種の共同事業はほとんど限りなく存在する。そして、この夢のような大事業は、新興国をも含め地球上あらゆるところで人間の生活環境を一変するのみならず、人間の心理をも一変させるだろう。そうすれば従来の考え方にとらわれて、にっちもさっちもいかずにいる現在の政治情勢を別の面からほぐす効果をもたらすのではなかろうか。また、これらの事業は軍縮によってだぶついてくる人間と資源とを吸収するという点から、軍縮の進行をなめらかにする効果が期待されるであろう。

パグウォッシュ会議の危機

しかし、ここまでたどりついたパグウォッシュ会議も、第八回会議で一つの危機を経験した。それは、この会議の開かれる直前にソ連が核実験を突如再開したことから、会議が非常に緊張した空気の中で開かれたことである。論議は時に白熱し、爆発しそうな、はらはらするようなやりとりもあった模様である。しかしそれにもかかわらず、司会者と参加者の忍耐と英知とが爆発をふせいだ。先ず第一にこの会議においてはソ連の実験再開について一切ふれないことが諒解され、それによって会議は軌道にのったのである。このことはラッセル・アインシュタイン宣言の中の「一つの集団に対し、他の集団に対するよりも強くうったえるような言葉は、一言も使わないようにこころがけよう」という精神にもとづくものと考えられよう。もちろんいろいろな点で意見はくいちがいを見せた。しかし、このような危機的な環境のもとでも会議が爆発してしまわなかったことは、どんなに困難な状態の下でも話合いは可能であり、またそれを続けてゆくべきである、という信念を参加者に対して植えつけることになったと見てよい。こういうことが言われたそうである。現在対立する国々の人が自国の宣伝でもなく、また相手国の悪口でもなく話合っている会議が、このパグウォッシュ会議以外にあるであろうか。このパグウォッシュ会議こそは建設的な行動の大切な大通りを開くものではなかろうか、と。

二　パグウォッシュ運動の新しい段階

パグウォッシュ会議第二段階に入る

この第八回会議あたりからパグウォッシュ会議の性格がいくらか変りはじめたように見える。というより、パグウォッシュ会議の大きな目的の一つであった危機をさける具体的方法を見出すという作業にいよいよ着手する段階に入ったと言った方がよいかもしれない。前にも述べたように、パグウォッシュ会議には二つの型のものがあり、その一つは長期的観点に立って一般的・原則的な方向を確認し合うというものであり、第三回の会議がその一つの頂点になるものとみてよい。もう一つの型は、第二回会議を原型とするものであって、現実的・具体的に方策を見出そうとするものである。この第二の場合には問題が具体的であるだけに意見の一致が困難であり、したがって一致点を見出すよりむしろ先ず率直に討論をたたかわすことに重点がおかれた。したがってこの場合には声明を出すこともなく、ただいろいろな意見をそのまま記録して各国政府に送付するだけにとどめられていた。

しかしこの第八回会議からは、具体的な問題についても何とかして一致した見解を発見する方向に努力しようという傾向が現われてきたように見える。このなりゆきは当然の発展であるといえよう。なぜなら、ウィーン宣言においていわれたように、あらゆる戦争を人類社会から廃絶させねばならぬという原則において完全な一致が得られて一つの基盤が築かれたこと、また第二回、第四回、第六回の会議における、具体的問題のあらゆる方向からの検討によって、すでに一致点を見出す作業のための素材が十分に用意されたことの二つがあったからである。

第八回パグウォッシュ会議（一九六一年）

第八回会議の主題は「軍縮と世界の安全保障」であったが、この会議においては五つの作業グループが作られ、それぞれの参加者が分担して作業にとりくんだ。五つのグループのテーマは次のようなものである。

第一グループ　核分裂性物質の生産の縮減と貯蔵をなくすこと

第二グループ　核兵器運搬体系の問題

第三グループ　軍縮プランの第一歩

第四グループ　全面完全軍縮

第五グループ　軍縮交渉が成功するための前提条件

それぞれのグループの討論の結果は、それぞれまとめられて総会に報告されたが、その主な点は次のようなものである。

第一グループでは軍事目的のための核分裂性物質の生産については、窮極的な全面完全軍縮に向っての観点から単に五年とか十年とかの期限をかぎるのでなく、永続的にそれを停止しなければならないことについて意見の一致をみた。

第二グループでは全面完全軍縮の協定ができたら何よりも第一の段階は核兵器運搬手段の大幅な削減から着手することがよいであろうという点で意見の一致を見た。そして平和目的に使用されるロケット等は残される必要があるが、それらは永続的な国際管理のもとで使われるべきであると言っている。

第三グループでは第一段階で核戦争が起らぬよう大幅な軍備削減を必要とすること。また、それぞれの段階で戦略的な均衡がやぶれないようにしなければならない点を指摘している。

第四グループでは全面完全軍縮後において国際紛争をどう解決するかを論じて、国際連合のつとめる役割を強調している。しかし細かい点についてはいくつかの問題を指摘するにとどまり、次の機会にまで宿題として残された。

第五グループでは軍縮交渉成功のための前提条件に関して見解の相違が最もはなはだしかった。漠然とした原則的な点だけでしか合意が得られなかったことを正直に報告している。

第八回会議の声明が率直にみとめているように、戦争廃絶に向っての具体的な方策に関して共通の見解を得ようとする作業は必ずしも成功したとはいわれない。とり上げられた問題によっては見解は全く発散し、とりまとめることが不可能であった。しかし一方ではかなり意見が近よってきたものもあったり、また完全に意見の一致したものも少くなかった。このことを声明は、「種々の題目についての多様な個々の見解が披瀝された。それらは、しばしばまったく発散し、まとまらなかったが、率直な態度で検討された。参加者はこのような討論が、いくつかの立場を明らかにする上で有益であることを見いだした。そして重要ないくつかの問題については共通の理解に到達した。私たちは、これが建設的な行動にむかって重要な大通りを開くことを望んでいる」と言ってこの種の作業をつづけることに大きな希望を表明している。

第八回会議で注目すべきことはすべての作業グループが期せずして「問題を全面完全軍縮の一環として考える」と言っていることである。すなわちここで、結局、全面完全軍縮以外に真の解決法はないということが確認されたことである。それを実施する際の原則の点でも大きな意見の一致が得られたことも注目しなければならない。核兵器のみならずあらゆる軍備撤廃の必要性はすでにラッセル・アインシュタイン宣言中にもうたわれていたし、またウィーン宣言においては、あらゆる戦争の放棄の必要性が確認されていた。それ故一見全面完全軍縮はウィーン宣言の当然の帰結として直ちに結論されてよいもののように思われるかもしれない。しかし一方全面完全軍縮というようなことが実現可能であるかどうか。また他方核兵器による安定した戦争抑止の可能性が考えられるならば、場合によっては後者の方がより現実性のあるものとして取上げられる必要があるかもしれない。科学者としては問題をあらゆる面から検討しつくさねばならないと考えるのも当然である。また軍縮後の紛争解決の方法についてもある程度の見通しを得ておかねばならない。

第三回のウィーン宣言から一足とびに全面完全軍縮に至らなかった理由はここにあると考えられる。科学者の仕事はまだるこいように見えるかもしれないが、結論を急がず、反対の考え方も十分に検討してみるという科学的精神にうらづけられてこそその結論は基礎のかたいものになり、説得力を得るのである。このようにして全面完全軍縮は単なる理想主義者の夢でもなく、また単なる政治宣伝のためのスローガンでもなく、どうしてもそれに向って進まねばならない現実の課題であり、しかもそれは実現不可能なことではないということが多くの科学者の確信になってきたのだと言えるであろう。

第八回会議から具体的方策についても一致した見解を見出そうという努力が始まったと言ったが、一回の会議ではまとまらなかったいろいろな問題が残っている。そこで第八回会議のこの精神を引きついで、多くの問題をさらにつめる目的で第九回の会議がイギリスのケンブリッジで開かれることになった。

第九回パグウォッシュ会議（一九六二年）

第九回会議の主題は「軍縮と世界の安全保障」であった。この会議でもあらゆる問題は全面完全軍縮の一環として論ぜられたことは言うまでもない。かつてパグウォッシュという小さな漁村で第一回会議が開かれたときは、全面完全軍縮などは遠い夢と考えられていて、このようなことを自信をもって主張する科学者も極めて少かった。しかし、五年の年月をへて、科学者の考えも次第にかたまり、この主張は次第に多くの科学者の間にひろまってきた。また国際世論も次第に高まってきて一九五九年の国連総会では全面完全軍縮に関する決議が満場一致で採択された。

第九回のケンブリッジ会議はこういう状勢が反映して非常に多くの科学者の参加をみた。中には今までこの種の問題に全く無関心であったような学者も参加して討論に加わり、全面完全軍縮はもはや科学者の中の少数意見ではなく、多くの科学者の心の中に常識として定着したと見てよいかに思われる。

この会議においても第八回会議のときと同様五つの作業グループが作られた。それぞれのグループの分担すべき作業の主題は次のようなものである。

第一グループ　国際管理の下での大量殺戮兵器およびその運搬手段の削減と撤廃

第二グループ　通常兵器のつりあいのとれた削減および撤廃
第三グループ　国際緊張を少くするための政治的・技術的諸方策（核実験禁止問題もふくまれる）
第四グループ　軍縮後の世界における安全保障
第五グループ　軍縮の経済的側面

これらの各グループでどういうことが検討され、どういう点で意見が一致したか、またどういう点では見解がわかれたか、といった点がそれぞれまとめられて総会に報告された。それを簡単に紹介しておく。

第一グループでは、まず核兵器の運搬手段の思い切った削減、できるなら全廃を第一段階でやるのがよいという意見に一致した。しかし、今までたびたび、諸方で議論されてきた査察と秘密保持の間のかねあいとか、外国軍隊や基地の撤廃と核兵器運搬手段の廃棄との関係とかについては一致にまでは至らず問題は将来にもちこされた。

第二グループの問題、すなわち通常兵器の削減に関しては、当然のことながら中華人民共和国の役割が重要視されねばならぬ。このグループでも外国軍隊や基地の撤去が問題になったが、この点についてはやはり意見の一致には到達しなかった。

第三グループではさらに次の四つの小グループに分れて討議した。第一の小グループは核実験禁止問題を取上げ、それが軍縮の第一歩としても必要だという第一回会議以来の主張を再確認した。そして禁止協定に関する具体案もいろいろ考えられるが、できるだけ早くたとえば一九六三年一月一日までに、禁止を実現することが肝要であり、また可能であると結論した。第二の小グループは大気圏外の空間を問題とし、平和利用のための国際協定が望ましいことを強調した。そして圏外空間へのロケットや人工衛星などを打上げる計画は、常にあらかじめ公表されるべきだという点で意見が一致した。第三の小グループは通信・広報を問題としたが、軍縮に関する雑誌を年四回発行し、また、もっと一般に、いろいろな国で出た軍縮関係の出版物の翻訳・流通を奨励すべきだという意見を表明した。第四の小グループは国際緊張緩和に役立つ政治的方策を問題にした。現在の国境の安定化とか、ある地域の中立化などは奨励されるべきであると言っている。開発途上の国々への技術的援助は、大国が競争してやるよりは、むしろ協力してやるべきである。また、第七回会議ですでに取上げられた科学研究の協力はパグウォッシュ会議として研究グループを作って発展させるべきである。非核化、すなわち核兵器保持および製造能力の除去を、たとえばドイツ、ポーランド、チェコスロヴァキアに実施してはどうか。また、バルカン、アフリカ、極東などではどうか。その場合、これを軍縮協定のわくの中で考えて、均衡が破れないように配慮する必要がある。核兵器およびそれに関する情報の拡散を防ぐための協定を早く結ぶ必要がある。等々が第四小グループの結論である。

次の第四グループでは全面完全軍縮が実現した暁において世界の安全はいかにして保障されるかを問題とする。何はともあれ、各国の軍備は、国内の治安維持のための警察以外にはなくなっているのだから、国際情勢は現在と全く違っているはずである。特に、ある国が突然強大な軍備をもって他国を攻撃することはあり得ないし、国家間の不信の原因も少くなっているから、少くとも現在よりは、はるかに安定した世界になっているはずだという点については誰も異論はなかった。しかし、それでもなお心配すべきことがどのくらいあるか、それらがどのくらい深刻であるかについては、各人の評価は大分違っていた。また、国際平和軍、あるいは国際警察の必要性は誰しも認めるが、その具体的なイメージは人によって違っていた。

最後に第五グループ、すなわち軍縮と経済のグループの報告に入ることにする。このグループの結論は非常に明確であった。すなわち、軍縮に伴って軍事産業に従事していた人員や、その設備を平和目的の事業に転用することは、もしも、

㈠　軍需に見あう平和的需要・供給の一般的レベルが確保され、保持され、

㈡　軍需産業の集中している地域での転業を保障する方策や他の地域へ移る人たちを援助する方策が実施され、

㈢　当人の技能が平和産業に向かない場合には、再訓練ができるようになっている、

等の条件が満されるならば、それは円滑に行なわれる。そしてこれらの諸条件は、国家の政策が適当であれば満足できる。過去の実例として、第二次大戦後および一九五五年前後の諸国の動員解除の場合があげられる。特に科学者・技術者にとっては、平和目的の面で貢献できる道はいくらでもあるし、その方の需要は非常に大きい。また国際貿易や開発途上の国々への援助は、軍縮によって大いに促進される。軍縮に対する恐怖の一部は経済的恐怖である点にさらに一層根本的な問題が伏在する。したがって、この恐怖がいわれのないものであることを科学的に明らかにすることは、軍縮の達成のため

にきわめて有意義である。このグループの報告は、経済的破綻をきたすことなく、軍縮を二年ないし四年の間に実施できると心強く結論している。

以上がケンブリッジにおける第九回会議で得られた結論の概要であるが、それに対しては特に目新しいものが少いとか、まだまだ不一致の点が多いとか、その成果に疑いを持つことは容易である。しかし、もう少し広い視野に立ち、長い目で見ると、評価は大分違ってくるのではなかろうか。すなわち、

(一) 少くとも大国の多数の科学者にとって、全面完全軍縮は実現可能であり、それに協力するのが、むしろ当然の任務だと見なされるところまできた。それが五年間に起った変化なのであるから、前途にさらに大きな希望をかけてもよいであろう。

(二) このことは同時に、パグウォッシュ運動の野党的色彩がうすれたことをも意味している。それは確かに科学者自身の、また国際世論の、そしてまた、いくつかの国の政治家の考え方の変化、進歩によるものである。

以上のように第九回会議を単独に取上げずに第一回会議との対照においてながめるとき、この会議はきわめて意義深いものとして現われてくる。この意味で、ここでは第九回会議の模様をややくわしく述べてきた。もし、この会議に目新しい点がないと言われるとすれば、それはむしろよろこばしいことであるとも言えよう。なぜならそれは裏からいえば世論の大きな成長を意味するとも見られるからである。

パグウォッシュ会議の特徴

前にパグウォッシュ会議の特色としてそれが科学者の会議であることを述べた。会議のこの性格を具体的に浮かび上らせるには会議の進めかたを少し詳しく述べておくことが役立つであろう。そのやりかたは先ず総会においていくつかの論文が提出され、それが報告され、それをもとにしてそれぞれの作業グループで討論が行なわれる。このやりかたはむしろ学会あるいは研究集会に似ていて、これが単なる平和集会と異なるパグウォッシュ会議の特徴となっている。第八回会議以後この特徴はますます明瞭になってきたが、一例としてケンブリッジ会議で最も注目を引いたといわれるブラッケットの報告について述べてみよう。ブラッケットは現在の軍縮交渉のゆきづまりの原因を広範な視野から分析し、その解決法を論じたものである。特に彼は、国連において米ソ間で一致した「軍縮交渉に関する合意された諸原則についての共同宣言」（マックロイ・ゾーリン協定といわれる）にも明記されているように、軍縮のどの段階でも、どの国にとっても軍事的利益をもたらさないような、つりあいのとれたものでなければならぬことの重要性を強調した。この観点からすると、現在提出されている米ソそれぞれの軍縮案はいくつかの重要な点で不満足なものである。外国軍隊と基地の引上げを第一段階で要求するソ連案は西側に著しい不利を招く一方、核兵力で劣るソ連にとっては、アメリカの主張する核兵力を現有勢力に比例して縮減しようという案は、はなはだしく不利にはたらく。そこでブラッケットは、軍縮の第一段階で、東西の戦略核兵力を最小限抑止理論で考えられる同一の低水準まで急速に減少させると同時に、通常兵力をも同一の低水準まで下げることを提案する。このほか彼は経済問題や政治問題が、とくに自由企業の国では軍縮を実現するのに大きな困難のもとになっていることを指摘し、軍縮の反対者に対する教育のためにある程度の時間が必要であることも認めなければならないと言う。

そのほか、アメリカのブラウン、ソーンらも、誠実な軍縮論者の立場で、それぞれ核停協定の早期締結の重要性と当面の障害排除の方法、および、米ソ両国政府が一層の相互信頼に立って公平な権威ある国際司法機関の設立のためにつくす必要性を説いた。なお、ソーンは、ソ連側がスパイの不安なしに受け入れられると彼が信じる改良査察の案を提出している。

一方、ソ連のクヴォストフ、トプチェフの両アカデミー会員は、ソ連科学者の立場から、アメリカ政府の軍縮提案を多くの点で批判しながらも、なお全面完全軍縮についての米ソ両国政府の原則的合意を大進歩として高く評価し、また中立国の交渉参加を歓迎し、緊張緩和に有効と考えられるいくつかの方法、全面完全軍縮達成前にも可能ないくつかの部分的手段を提案している。

以上述べたようにパグウォッシュ会議は全面完全軍縮へ向っての具体的方策をまとめる作業を一歩一歩進めているが、これとならんで基本的な原則をさらに広範囲の科学者の間で確認し合い、ラッセル・アインシュタイン宣言の精神をより多くの科学者の心に定着させる努力も続けている。すなわち第九回のケンブリッジ会議に引きつづいて開かれた第十回会議がそれである。

第十回パグウォッシュ会議（一九六二年）

第十回会議はその性格上第一回と第三回の会議に似たものになる。その主題も「科学者と国際問題」という幅のひろいものであった。しかし、第一回、第三回会議とくらべて著しいちがいはその規模の大きいことである。第一回会議はわずか二十二名の参加者であり、大きな会議であると見られた第三回会議でも約七十名の参加者をみたにすぎないのに、このロンドン会議は約二百名の科学者の参加をみた。参加者の国籍も南は南アフリカ共和国から北はアイスランドまで、大国、新興国とりまぜ三十六ヵ国におよび、第三回会議のときの二十ヵ国にくらべると約二倍になっている。第一回会議がカナダの片田舎のパグウォッシュでたった二十二名の顔ぶれでひそやかに開かれた一九五七年から五年の間に、ラッセルとアインシュタインの播いた一粒の種がこれだけ多くの実をむすんだことは感慨にたえない。

会場にあてられたのはラッセル・ホテルで、開会式からすでに壮観であった。冒頭演説はイギリスの科学大臣ヘールシャム卿が行ない、軍縮交渉が単に兵器の削減ばかりにかかわっていてはならない。東西両陣営が現在の軍備予算以上の支出を教育、建設、工業、農作、医療などの有意義な事業に投入する日を待望しているむねを述べ、また国際問題を論ずるとき、とかく現在の状勢に密着しすぎがちなものであるが、世界の状勢というものは固定したものでなく変えることのできるものであることを忘れてはならないといった趣旨の指摘があった。これにつづいてマクミラン、フルシチョフ両首相、ケネディ大統領、ネール首相、エンクルマ大統領、ノヴォトニ・チェコ大統領ら各国首脳のねんごろなメッセージが次々と読み上げられ、とくにケネディ大統領は「昨年中に軍縮がはかどらず軍拡競争が果しなくつづいたのは残念だが、私は何とかして近い将来に各国に平和のみちを歩ませることができるような協定に達したいと念願している」と述べた。

このほかウ・タント暫定国連事務総長、各国アカデミー、学士院などの総裁からのメッセージが引きつづき、参加した科学者を激励した。世界各国の首脳、有力な政治家、平和運動などとはおよそ縁遠かった学会の長老たちが、わずかの年月の間に、全面完全軍縮の必要性と可能性、そしてその達成の途上で科学者の演じ得る役割について、このように認識を深めてきたといえると思う。

従来のパグウォッシュ会議にくらべてのロンドン会議の最大の特徴は、単にその規模が最大だったということよりも、むしろ、ガーナ、ナイジェリア、ニュージーランドなど新興国、小国の科学者が初参加し、しかも彼らが活潑に討論に参加した点にあろう。

この会議で取上げられた諸議題は次のようなものであった。

・各国グループの活動報告
・社会における科学者の地位
・科学者と世界の安全保障
・科学における国際協力
・開発途上の国への援助における科学
・科学と教育

・今後の組織に関する一般的討論

などである。

初日午後の「各国グループの活動報告」の席ではオーストラリア、オーストリア、チェコスロヴァキア、フランス、西ドイツ、オランダ、インド、ノールウェー、ユーゴスラビア、アメリカ、ソ連、などが次々と自国のパグウォッシュ運動の発展について報告する中で、日本も学術会議や科学者京都会議をめぐっての日本の科学者のいろいろな活動の紹介を行なった。日本からの参加者の一人であった湯川は、さらに軍縮の技術的検討とならんで広範な視野からの検討の重要性を強調し、軍縮の技術的検討では必然的に米ソなどの大国の科学者が重要な寄与を与えるのに対して、道徳、経済、心理、教育など広い角度からの研究はすべての国のすべての人々が協力して行なわなければならないこと、その意味で、多数の小国を加えたロンドン会議は有意義であると述べた。

このロンドン会議のもう一つの大きな特徴にも触れておかねばならない。それはこの会議が単に全面完全軍縮運動達成のためのもの以上のものになったことである。すなわちさきにならべた会議の議題をみてもわかるように、人類福祉を増進し、真に安定した平和の時代を創造するため科学者のなすべきあらゆる任務について話合い、原則的にではあるが広範囲の意見の一致をみたことである。

第一回会議が開かれてから五年の間に軍縮の理想は一向に実現されていない。しかし、その間に少しの前進もなかったであろうか。第一回会議では少数の科学者が死の灰のデータの比較程度のささやかな技術問題で意見一致を表明する程度以上には進めなかった。科学者の社会的責任がはじめて恐る恐る口にされ、全面完全軍縮などは望ましいが遠い理想のようにみえた。一年を経てやや大規模の会議でウィーン宣言を採択したとき、ようやく少し広い層の科学者に自信とゆとりが生れたが、軍縮と戦争廃絶の必要性が確認されたにとどまり、全面完全軍縮に向かっての具体的作業はまだ開始されなかった。一九六一年の第八回会議などは国際緊張にわざわいされて異常な重苦しさが会議を蔽ったとさえいわれている。

それがロンドン会議ではどうであろうか。全面完全軍縮は米ソ両国とも共通して公約せざるを得ないまでになっており、誰もがそれを恐る恐る口にする必要はなくなっている。なお残された問題の解決は困難であり、これからさきも数多くの苦難の途を歩まねばならないことは明らかであり、安易な予断は許されない。しかし、目標模索の時はすでに終ったのである。

いわゆるブラックボックスの提案

軍縮に関する具体的な問題はすでに第九回のケンブリッジ会議で取上げられていたのでこの会議では原則的な問題が中心になり、新興国援助の問題とか、軍縮後の問題、新しい平和時代の新しい思考方法、新しい教育体系の創造など、いわば精神革命に関するものが討論の対象になったが、軍縮に関する純技術的な問題も取上げられないわけではなかった。とくに会議の席で非常に歓迎されたのは、核爆発実験停止の協定の途上で大きなつまずきの石になっている地下実験と自然地震とを識別するために必要とされる国内査察に代って、封印された自記式地震観測装置（いわゆるブラックボックス）を用いようという考えが米ソ両国の科学者六名による共同提案として出されたことである。この提案は注目に価するものなので、煩をいとわず詳細に述べると次のようなものである。

㈠ 封印された自記式地震観測装置を用い、当事国政府が自分の手で設置、定期的に国際委員会に返還して点検、修理を行なう。人工地震による較正もできる。データは全部委員会の手で分析、大きい地震現象の記録時刻と位相から、その装置がどこに置かれていたかが検証できる。

㈡ 封印自記式地震観測装置の数は、すべての観測所からのデータの十分な相互検討ができるくらい多くなければならない。こうしておけば信頼度が増し、「地下実験」と識別困難な地震現象が少くなり、震源地決定の精度が向上する。

㈢ 国際委員会はいつでも封印自記式地震観測装置自身またはその中の必要な地震データ部分の返還を要求することができる。ただし通常は定期的に回収するにとどめる。

㈣ ソ連におく封印自記式地震観測装置はアメリカ製のものであってもよく、また、アメリカにおく装置がソ連製のものであってもよい。

この提案は満場一致で検討に価するものとしての支持を受け、声明にもりこまれることになった。ロンドン会議の最終日には声明の採択とともに、二つの小委員会が作製した将来の活動方針案と、組織方針案とを細部修正ののち採択した。それによると、今後各種の研究グループをつくり、また、各国グループの連絡強化のため適当な通信広報を発行する、等のことが決定された。

これからのパグウォッシュ運動

パグウォッシュ会議は発足のときから、参加者は特定の国や団体を代表するものでなく、自分自身の良心だけを代表するものであるとしてきた。したがって、この会議自体も、たとえば七人委員会とか、百人委員会、あるいは何々協会とか何々連盟といった団体の総会といった性格のものではない。会議のたびごとに参加者の顔ぶれも変わり、人数も変わる。ただ、主催者として、継続委員会という名の委員会がラッセルを中心にした数名の科学者によって作られており、会議の企画などはここで行なわれていた。したがってこの会議自身、一つの団体として世論に働きかける運動をしているのではない。しかし、たとえばウィーン宣言が発表されたときは、参加者の中の十名ほどがウィーンの体育館で一万近い市民を前にして一人一人短い報告をした。このような形で世論に訴えることは行なっていた。またこの会議は突っ込んだ討論を遠慮なく行なうために、原則として非公開で進められ、討論の記録はしかるべき人に頒布されるが、一般には公表されず、ただ会議参加者みずからがこの会議に提出した自分の意見を公表することも多く、その形で参加者が個人的に世論に訴えることはむしろ歓迎すべきこととされていた。しかし、会議自体がたとえばパンフレット等によって積極的に広報活動をすることは今まで行なわれていなかった。

しかしながら、ここまで成長してきたパグウォッシュ会議では今までの方針をいくらか修正し、みずからの手で広報活動なども行なうことになったのである。それに関連して、継続委員会も増強されることになり、今まで米、ソ、英の科学者十名だけで構成されていた委員会が、西ヨーロッパおよび東ヨーロッパ諸国とアジアの国を加え、議長ラッセルのもとに今まで以上に広い活動に移ることになったのである。ロンドン会議の声明の中に「私たちは、いまや、原則に関する一般的声明では十分でない段階にきている。行動が必要である」と言っているのはその意味である。

しかしながら、パグウォッシュ会議がいかに大きくなり、また行動に着手するにしても、ラッセル・アインシュタインの精神は堅持されるであろう。ロンドン会議の開会式においてラッセルみずからパグウォッシュ運動の基調を説いて言っている。

……科学者は国家の威信にとらわれて影響をうけることが政治家たちよりも少いと思われるし、他方、科学者はまた彼らのうけた訓練と資質によって、諸事実間の軽重を正しく判断し、さらに新しい知識がその採用を命ずるならば、新しい意見をどしどし採用していくような比類のない能力を持ちあわせている。私たちはいかなる分野においてであれ、もし科学者間で合意に達することができるならば、その統一見解は、一般政策の立案者たちに対して力をもつであろうと期待した。このような期待にはげまされて、私は一つの宣言文を書いた。……ラッセル・アインシュタイン宣言は、核戦争にかかわるあらゆる事項について考察するために、それに関して特別の能力を持つべき科学者の会議を開くことを求め、またそれに引続いて、多くの会議が開かれることを希望した。パグウォッシュ運動の端緒は実にこの宣言にある。……私たちの討議に参加したすべての科学者は、大多数の政治家によって示されたどんな英知や合理性よりも、豊かな英知、より以上の合理性を示した

と考えざるを得ない。（後略。全文は『世界』一九六二年十一月号に訳載されている）

このラッセルの開会の演説をさらにふえんして行なったアメリカのラビノヴィッチの論説は傾聴に値する。ラビノヴィッチはパグウォッシュ会議の継続委員会の一員として第一回のパグウォッシュ会議以来ラッセルのよき協力者としての役目をはたしてきた人であるが、彼はこう言っている。

異なった社会的あるいは知的グループが異なった時代に、彼らの足跡を人類社会に残してきた。古代イスラエルの僧侶や予言者、中国の教養ある官吏たちから、ヴィクトリア王朝時代のイギリスの商人やアメリカの産業開拓者にいたるまで、これらのグループは栄え、そして亡びてきた。……

私たちの時代には、科学が前に知られなかったかたちで人類の運命に影響を与えている。異なった時代に発生した権力や思考方法をもつ指導者や運動は国家の政策を制御することを続けているが、彼らは――あるときは余りにも緩慢に、そして不承不承にではあるが――科学革命によって課せられた新しい方向に従うことを余儀なくされている。……

しかしながら科学革命は、人類を真に一つのものにする。それは、もし人類が伝統的な党派に分割されて残り、それぞれ自分の利益と力を至高善として追求することを選ぶならば、絶対的な相互破壊の力を与える。しかしもし人類が統一と平和を選ぶならば、すべての人に満足のゆく生活を創り出す力を与える。……

科学は今や、戦争を自殺的なものにし、政治の道具としての戦争の合理性を叩きこわしてしまった。……

私たちを初めてパグウォッシュに集まらせたのは共通の危険に対する共通の認識であった。私たちは核軍拡競争をやめさせてはいないが、私たちの社会や政府に、現代の科学革命以前には、はるかな未来の単なる美しい夢としか考えられなかった完全軍備撤廃と恒久平和を、現実的かつ緊急な目標として追求する必要を印象づける上でまったく不成功であったわけではない。……

……経済的あるいはイデオロギー的な、さまざまに分れた関心は、今も存在し、つねに存在するであろう。しかし今後は、それらの追求は人類共通の関心事の追求——平和の維持、天然資源の合理的な利用、そして科学の創造力の十分な利用——に従属しなくてはならない。……（「科学者の社会における役割」）

つけたり

最後にパグウォッシュ会議を科学者一般がどう見ているかについて興味ある調査があるので、それについて述べておこう。それは継続委員会が行なったやや古い（第三回会議のあとでの）調査であるので、現在妥当しないかもしれないが、とにかく興味のあるものである。

それは継続委員会が約三万人のいろいろな国の科学者、知識人に次のようなアンケートを送って得られた回答である。

㈠　科学の進歩と社会・政治との関係について科学者は何らかの責任をもつと考えるか。
㈡　国際緊張をゆるめ、国際的共同作業をやることについて、科学者が有益な寄与をなし得ると思うか。
㈢　ウィーン宣言に賛成であるか。
㈣　ウィーン宣言を科学者の将来の活動の基礎と考えることは適当であるか。

このアンケートに対する反応で興味のあることは、ソ連の科学者が八三％の返事をよせたのに対し、西側の科学者の返事が一五ないし二〇％しかなかった点である。しかし返事の来たものについていえば、東西どちらも賛成が圧倒的に多い（ソ連では一〇〇％賛成、西側は賛成九三、答えないもの四％、不賛成三％）という結果が得られた。西側ではあまり返事が少いので、その意味をさぐるため、イギリス内だけの調査であったが、何故返事がもらえなかったかという理由をふたたび質問したところ、その答は、

七・五％　パグウォッシュの考えに反対だから。
一七・五％　政治的な事には何であろうとまき込まれたくないから。
一・五％　パグウォッシュという名前を好まないから。
二・〇％　パグウォッシュ委員会のメンバーの見解を好まぬから。
一・五％　パグウォッシュ活動は効果なく時間の浪費だから。
一五・〇％　アンケートには原則的に答えないことにしているから。

一二・五%　質問に答えるため十分考える時間がないから。
一二・五%　同じ答。ただし後刻返事しようといったもの。
一八・〇%　アンケートがどこかに紛れ込んで見つからないからもう一度送ってほしいというもの。
七・〇%　再度の質問で不精からよびさまされて返事をよこしたもの。
五・〇%　死亡、転居等で質問状のとどかぬもの。

この二度目の質問に対する答と、はじめの答とを合わせると、イギリスにおいて、

パグウォッシュに賛成のもの　四八%
反対のもの　二七%
無関心のもの　二五%

という結果になる。

現在この調査を行なえばこの数字は相当変わったものになるであろうが、そのような調査はまだ行なわれていない。

（『平和時代を創造するために』、岩波書店、一九六三年）

核抑止を超えて（湯川・朝永宣言）

いまから二〇年前、ラッセルとアインシュタインが宣言を発表し、核時代における戦争の廃絶を呼びかけ、人類の生存が危険にさらされていることを警告した。その宣言の精神に基いて、私たちは、人類の一員としてすべての人々に、次のことを訴えたいと思う。

広島・長崎から三〇年、私たちは、核兵器の脅威がますます増大している危険な時代に生きている。今私たちは、一つの岐路に立っている。即ち、核兵器の開発と拡散がやむことなく行われていくか、或は、この恐るべき核兵器が絶対に使用されないという確実な保証が人類に与えられるように大きな転換の一歩を踏み出すか、その重大な岐れ路に立っている。

私たちは、戦争と核兵器の廃絶のために努力を傾けてきた。しかし、それが見るべき成果をあげたとは考えられない。むしろ、その成果の乏しいことに憂いを深めざるをえない。

「ラッセル・アインシュタイン宣言」が発表された当時は、まだ大量の核兵器は存在せず、世界平和の実現のためにその手始めとして熱核兵器の廃絶を行えばよいという考え方が成り立つ時代であった。だが遺憾ながら、その後、私たちは、核軍備競争をくいとめることができなかったばかりでなく、核戦争の危険を除去することもできていない。また種々の国際的な取決めによって、軍備管理という枠組の中での努力と苦心が積み重ねられたけれども、その成果に見るべきものはない。

従って、核軍備管理によって問題の解決が可能であるという期待をもつべきではないと、私たちは信ずる。そして核軍縮こそが必要であるという確信を深めざるをえない。というのは、軍備管理の基礎には核抑止による安全保障は成り立ちうるという誤った考え方がある。従って、もし真の核軍縮の達成を目指すのであれば、私たちは、何よりも第一に核抑止という考え方を捨て、私たちの発想を根本的に転換することが必要である。

もとより私たちは、核・非核を問わず、すべての大量殺戮兵器を廃棄し、また、最終的には通常兵器の全廃を目指して軍備削減を行うことがきわめて重要であると考える。しかしながら私たちは、今日の時点で最も緊急を要する課題は、あらゆる核兵器体系を確実に廃絶することにあると信ずる。

たしかに核軍縮は全面完全軍縮を実現するための中間目標にすぎない。しかし、その核軍縮ですら、それに必要な政治的・経済的・社会的条件を満たさない限り、その実現はとうていありえない。

また私たちは、私たちの究極目標は、人類の経済的福祉と社会正義が実現され、さらに、自然環境との調和を保ち、人間が人間らしく生きることのできるような新しい世界秩序を創造することであると考える。

もし核戦争が起れば、破局的な災厄と破壊がもたらされ、そうした新しい世界を創ることは不可能となるばかりでなく、史上前例のないほどに人間生活が破壊されるであろう。このように見れば、核兵器を戦争や恫喝の手段にすることは、人類に対する最大の犯罪であるといわざるをえない。このように核兵器の重大な脅威が存在する以上、私たちは、一日も早く、核軍縮を実現するために努力しなければならない。

私たちは、全世界の人々、特に科学者と技術者に向って、時期を逸することなく、私たちと共に、道を進まれんことを訴える。さらに私たちは、核軍縮の第一歩として、各国政府が核兵器の使用と、核兵器による威嚇を永久かつ無条件に放棄することを要求する。

一九七五年九月一日

湯川 秀樹
朝永振一郎

Ⅲ　科学技術と国策

座談　日本の原子力研究をどう進めるか

伏見康治[1]　朝永振一郎
田中愼次郎　武谷三男
杉本朝雄　渡辺武男
司会　富山小太郎

（『科学』一九五四年五月号掲載）

富山　昨年一月号の本誌において「日本の原子核・原子力研究のあり方」について座談会[2]を行いました。その前後から学術会議においても、第三十九（原子力研究問題に関する）委員会が、ある意味で着実に原子力問題にどういう態度をとるべきかについて論議を重ねてこられ、一方またその基礎にもなる原子核研究所設立の必要も問題にされました。不完全な予算ではあるが、原子核研究所は今年度から発足しました。そこへ突然今度の議会に原子力予算二億三五〇〇万が意外な形で出てきて、非常な混乱が捲き起された。これが非常に遺憾な形で提出された[3]ということは皆様同じ意見でおられると思います。これとは別に最近〔学術会議の〕第三十九委員会で開いた公聴会の結果からは、少なくとも原子力の基本的な調査なりなんなりに一歩進める必要があるという点では、大体一致した考えに到達しておられるのではないかと思います。一年半前の座談会を受けていくわけではないが、いま一歩この問題を具体的に進めて考えていただきたい。予算の使い方という問題とは別に、根本的に検討せねばならぬ問題も多いと思う。その結果では、極端な場合、予算の返上ということもあり得るわけでしょう。そこでまず三十九委員会の様子を伏見さんから報告していただきましょう。

（1）伏見康治（一九〇九―二〇〇八）大阪大学教授（当時）、理論物理学者。戦後、日本学術会議の重鎮として活躍。復興期に日本独自の原子力の平和利用研究の必要を説き、京都大学原子炉実験所、名古屋大学プラズマ研究所の創設にも尽力し、プラズマ研究所初代所長となった。
田中慎次郎（一九〇〇―一九九三）朝日新聞東京本社記者、論説委員（当時）。原子力の平和利用研究に積極的な言論を展開。のち原子力委員会参与も務めた。

杉本朝雄（一九一一―一九六六）五四年当時は科学研究所主任研究員、専門は原子核物理。通産省工業技術院につけられた原子力研究予算に関連して同じく五四年に同省内につくられた原子力予算打合会に参加。のち、日本原子力研究所理事。

武谷三男（一九一一―二〇〇〇）立教大学教授（当時）、専門は素粒子理論、科学史、技術論。科学に基礎を置く思想家として、原子力の利用に関し初期から慎重な、のちには批判的な言論を積極的に展開した。

渡辺武男（一九〇七―一九八六）東京大学教授。専門は鉱床学、鉱物学。敗戦直後、政府原爆調査団の地学班を率いて広島・長崎での試料収集も行なった。

富山小太郎　理化学研究所を経て、東京物理学校（現・東京理科大）教授。岩波書店『科学』編集主任（当時）。（一九五八年以降は早稲田大学教授。）

今までのいきさつ

伏見　世間に、三十九委員会や学術会議全体がサボタージュをしていて、政界人にどやされるまで何もしていなかったという非難(4)があるようですが、それは認識不足でしょう。学術会議の第一期の時代に、仁科先生が提唱されて、「原子力に関する国際的な管理方式を至急樹立してほしい」という国際的なアッピールを行いました。講和会議で占領中の禁制が解けて後、一昨年の夏の運営審議会で、日本で原子力研究にのりだそうという茅提案(5)が出され、これに対する学術会議としての態度を決めるための三十九委員会ができ、その努力で昨年春の総会では、「政治的勢力に支配されやすいような大きな原子力委員会をつくってはいけない」という一つの結論は出している。そのほかにも「そういう原子力研究の組織形態、そういうものに取り組む態度や考え方」を討議し、成果が十分ありました。ただ学術会議がたとえ正しい考え方を進めたとしても、内部だけの話に終わっていて、社会のほうで原子力に関する何事かが起こるかもしれないということにあまり重要な考慮を払っていなかったともいえる。その一つが原子力予算という形で現れてきた。すでに昨年八月の改進党修正予算のとき、突如として国会図書館に一挙に二〇〇〇万円の原子力文献予算が出されていた。

われわれ学術会議の側も、三十九委員会において、とにかく貧弱ながら原子力に関するできるだけ客観的な資料を収集してしっかりした判断を下す基礎にしたいと、昨年夏頃、若い方々に調査を頼みました。結果は口頭では発表したが、まだ印刷物になっていない。その資料というのは学術会議の図書館で直接に買ったものもあり、外務省を通じて各国駐在の大使、公使にもその国の原子力事情を知らせてもらった。その国にうまく日本の科学技術者がいた場合には、大使館を通して的確な情報を集めていただいた場合もある。

次に問題にされたのは、実は前期末に「三十九委員会として何か多少でも具体的な結論がおりるのは三年先になる」と報告されたことである。これは委員長個人の報告書だと思うが、こういう物の考え方はやや形式論理的であったと思う。究極の判断を下そうとすれば、実は何年経っても下しようがなく、ある段階の知識におけるある段階の判断を下すという考え方をしていかねばならなかったはずである。資料収集を前進の一ステップであると少し強く言い過ぎたので、それだけで、究極の判断を

(2) 「日本の原子核・原子力研究のあり方」について座談会　一九五二年一一月の座談会。『科学』一九五三年一月号に掲載された。「朝永振一郎著作集」別巻1『学問をする姿勢』pp. 241-267所収。一九五二年当時の原子核・原子力の基礎研究の状況と課題、研究に必要な体制などが話題になっている。

(3) 遺憾な形で提出された　これは、日本学術会議の意思決定を飛び越えて政治的に原子炉関連予算が成立したことを指す。学術会議を中心とした科学界の大勢は当時、原子力については基礎研究から慎重に進めるという見解でおおむね一致しており、この年はまず「原子核研究所」の設立を目指して、学術会議の原子核特別委員会が各方面との難しい調整を続けている最中だった。その時期に中曽根康弘代議士をはじめとする政治家の主導で原子炉築造助成のための予算案がつくられ、「原子力平和利用研究補助金」という形で国会を通過したという経緯は、科学者側から見て拙速な動きであっただけでなく、「原子核研究所」の敷地予定地周辺住民を含む市民の不信感をも煽る結果となった。「解説」二三五〜二三六頁参照。

下せるという錯覚を皆がもってしまった。原子力発電が経済的にどういう地位を占めるかは、試行錯誤を繰返さなければわからない。新期の三十九委員会ができ、とにかくもう少し仕事をしよう、スタートとなるのは研究者の皆さんがどう考えているかにあるというわけで、公聴会を二月二十七日に行った。公聴会の気分は三十九委員会が発足した頃の気分と多少変わっておって、ある程度（少なくとも調査活動は）学術会議が積極的にやるべきである、外見上いままでサボタージュ的な気持が見えたのは遺憾であるという線であったろうと考えます。三十九委員会はその気分を察知して、これから調査活動は大いにやろう、仕事も多少分担して、皆が責任を感じて分担場面の仕事を進めていこうじゃないか。責任を感じたらもう少し進むではないかということでした。その直後、三月二日に新聞紙上に原子炉予算が現れたのです。それに即応した行動は茅会長と藤岡委員長が非常に機敏に動作(6)していただいて、学術会議の立場をよく守っていただけたと私ども核研究者一同思っております。問題はや収まってからの今後の問題がどうなるかで、重大な判断の分れ道にきている。

富山　三十九委員会がもたもたしていたのは、原子爆弾との関係を心配した面もあると思う。将来原子力の研究をやるにしても、基礎になる原子核研究の振興がいまはさしあたって重要だという考えが強かったのに、原子核研究所予算は実は予定より削られていることは一つの問題だ。朝永さん、原子核研究と今度のことについて一つお話願います。

朝永　原子核研究所をつくる動きは、はじめは原子力と無関係に出てきた。つまり戦争のために日本の原子核研究がすっかり遅れてしまった。サイクロトロンなども壊されてしまった。これをなんとか世界の水準にもっていきたいという動きは、講和条約のできる少し前ごろからあって、はじめは壊されたサイクロトロンを復旧する動きが、だんだん発展して一つの大きな原子核研究所をつくろうという動きになってきた。これはあくまで純粋研究が目的で、エネルギーの利用等を目的とはしない。その話の途中で原子力問題が起ってきた。原子力を将来やることになれば、原子核の研究がもちろん非常に重要な要素になるが、これはあくまで一般の純粋研究と応用研究との関係と同じで、エネルギー利用という限られた目的だけをもって純粋研究をやっていたのでは原子核の研究はほんとうに伸び伸びとした発展はなし得ない。さらに新しい応用分野を見つけることはできぬ。あくまで自然の探求というそれ自身の目的をもって活動する。しかしこれはその間に全然関係がないわけじゃない。なんといっても原子力は原子核物理の応用なのだから、核物理の基礎がなければ非常に困る。ここのところの説明は非常にむずかしいのです。原子核の研究は原子力の研究を目的にはしないという言い方が

（4）**何もしていなかったという非難**　たとえば、「日本の学術会議は、未だに左翼学者の圧力でこの新しき文明への学問的研究を怠っている」（中曽根康弘『日本の主張』、一九五四、p.148）。「解説」二五三頁の引用も参照。

（5）**茅提案**　茅誠司・伏見康治の両名が個人として一九五二年の日本学術会議の総会に提出した議案。政府内に「原子力委員会」を設置するよう、学術会議として政府に申し入れすることを提案した。「解説」二五一頁参照。二人の構想の雛型と思われるアメリカの原子力委員会（ＡＥＣ）は、一九四六年に設置されてから一九七四年に廃止されるまで同国の原子力研究開発とその規制に関して強力な権限をもっていた独立行政機関。一六六、一六七頁の田中の発言も参照。

（6）**茅会長と藤岡委員長が非常に機敏に動作**　茅誠司（学術会議会長）・藤岡由夫（三十九委員会委員長）が改進党本部に出向き、学界は原子炉関連予算案に賛同できない旨を表明したこと。

非常に強く響くと、受け取る人によっては役に立たぬものはあとまわしでもよい、日本はエネルギーが足りぬから原子力に重点をおくべきだという、何か互いに排他的な関係というふうに受け取られることがある。今度の予算で改進党の方々が言っておられるのをきくと、原子核の研究はもういまの程度でいいから、原子力をやれということらしい。ある人は原子力予算で原子核の研究をどんどんやっていけばいいじゃないかという。しかしそれもちょっと工合が悪い。これをやると、一向役に立たぬという非難が後で必ずでてくる。核研をつくろうというとき、いろいろ原子力との関係を議論した。原子力のほうは、単なる物理だけの問題ではなくて、あらゆる技術の面、経済・政治など非常に関係する方面が多く、なかなかそう簡単にいくものではない。原子核のほうはある程度、そういう複雑な面から切り離して純粋の物理学という立場で議論する（しかし非常に金のかかる仕事だから、日本のいまの経済状態と関係はあるが）ことができる。将来原子力をやるということになれば、もちろん原子核物理学者の協力がなくてはやり得ない。不可能だ。そこで原子力に伴う複雑な諸問題を学術会議のほうでいろいろ研究しておられる間に、とにかく原子核の研究はどちらへ転んでもそれ自身重要なことではあるし、大いにやろうじゃないかということになった。これがわれわれの結論だったと思う。そういう意味で原子核研究を一日も早くつくりあげて日本の物理学をもっと健全な姿にもっていきたい。日本の物理学は理論の方面が進んでいるといわれます。ある程度これはほんとうだと思うが、実験のほうはほとんどゼロの状態で、こういう不健全な進歩の仕方では、理論のほうもやがて衰えるときがくるのではないか。だから原子核の実験方面を充実し一日も早く世界の水準に近づけたい。それがまた原子力研究の前提にもなるのです。改進党の方がラジオの対談会をやっておられたが、(7)「世界中四十何ヵ国、原子炉や原子力の研究をしていない国はない。日本だけがやらずにいるのは世界の大勢に遅れるものだ」といわれたが、確かにそうですが私にいわせれば、「サイクロトロン一つなしで原子力をおっぱじめるという冒険をやっている国もほとんどない」のではないかと思います。

田中　最初に、三十九委員会にちょっと意見があるのです。それは今度出されるという報告書はできるだけ立派なものを出して、われわれ国民の前に明らかにしていただきたい。私たち新聞社の人間に、原子力問題の正しい啓蒙をし、いろいろ批判もせよという注文が出る。しかし三十九委員会などは、相当長い間この問題と取り組んでおられるが、まだわれわれが熟読して十分検討しようという意欲を起こさせるだけの報告書が一ぺんも出ておらない。恐らくそれには調査費が足りなかっただろうと思うが、そういう調査費こそ十分力を尽して要求されるべきだろうと思う。そういう要求は、われわれは新聞紙上でできるだけ応援するということになるだろうと思います。

伏見　調査費は昨年の春ごろ必要だというので、当時の〔学術会議の〕副会長の茅さんが大蔵省の人と懇談したときに、追加予算で二、三百万ぐらいは取れそうだったということですが、いざとなったら全然一文も出なかった。

---

(7)　改進党の方がラジオの対談会をやっておられたが　予算成立後に、NHKラジオで中曽根康弘や茅誠司が参加しての座談会が行われた。

田中　原子力のような大問題でも学術会議の調査費がないとは、ここではじめて伺ってびっくりした。

武谷　今年度の学術会議の調査費要求二〇〇〇万円をも削っておいて、何かわけのわからぬ恰好で二億も原子力予算を調査費として出すのは非常に奇怪で、茅さんがラジオの三者鼎談のとき中曽根氏にそれを言うのかと思ったら、茅氏はただ中曽根氏に敬意を表するだけで、一向にその話をしない。伏見さんは茅さんがよくやったというが、ぼくからみると茅さんは、なんだか政治家の前に頭を下げるだけがすべてであるという感じを受けるな。

伏見　学術会議そのもののいままでの性格が単なる審議機関であった。つまり独立の立場で調査することがなかったわけです。その性格を原子力問題をむしろテコにして変えていかなければならないと思います。

武谷　慎重論の主張を、即時始めろ論者は非常に曲解する。素粒子の若い連中が熱心に伏見君たちの動きに対して反対したが、それは原子爆弾ができるからやめろといったわけではない。

朝永　坂田〔昌一〕君が原子核研究所の発足は「ある意味では原子力の研究を始めたともいえる」と言ったが、そういう言い方もできます。サイクロトロンは原子爆弾を造る機械だと思われる方ばかりでは困るが、原子核研究所は、やはり碁における一つの石だと思うのです。その石は両方を睨んでいる。原子力のほうにもきいているし、そうでない高エネルギー領域の純粋研究にもきいていて、全体の布石ができてみると、なるほどこの石は原子力のほうにもきいている石としてすでに置かれた、と将来言えると思う。

日本の原子力研究は何から発足するか

富山　予算も通ってしまいましたが、これと別にしてもいずれ近い将来に原子力の研究をやらねばならんということは皆さん御同意なさったろうと思いますが、日本の原子力の将来の目的をどこにおくかを考えると、工業用の動力が当然目に浮ぶ。しかしすぐ動力用の原子炉をつくるわけにはいかないと思います。経費の関係もあるが、まず第一目標として何をどういう目的でつくるべきかを慎重に考えていかなければならない。これは皆さん少しずつ意見を異にされるかもしれないと思うので、武谷さん、杉本さん、伏見さんからまず何をつくることが第一目標になっているか、構想を伺ってみたいと思います。

伏見　現在の知識では原子力利用のためには原子炉が唯一、かつ基本的なものでしょう。そしてまず実験用原子炉を建造するということになるが、何を目標にして原子炉をつくるかということが、実験用原子炉の性格を規定してゆきます。

武谷　実験用原子炉ならすぐつくれるという話がある。もちろん比較的容易に——といっても何年かかかると思うが——つくれると私も前から書いてきました。しかし何を目標として、何の実験をやるためにつくるかをはっきりさせておく必要がある。何でもいいから重水とウランをもってきてつくってしまえというのでは全然ナンセンスだ。まずその国の原子力政策がたてられ、科学者も原子力をどのように発展させていくか、ある程度構想があって、実験用原子炉の機能の焦点について相当はっきりしたアイデアをもってから実験用原子炉をつくらなければ意味がない。

富山　その点はどなたも御異存はないでしょうが、具体的にその目標をどこに置くかを伺いたいと思います。

杉本　日本の原子力はスタートにおいて武谷さんの言われたことを土台にして、相当遠い目標も考えなければいけないと私も思う。そのため資源面、技術面の検討、経済的な諸影響の検討から、原子力法・原子力憲章(8)という法律的な面、この四つを関連をとって順序よくやるのがよい。ただ技術の面は、あまりいまからすぐ原子力発電の相当のものを設計する準備などはしないで、それにいく中間の段階として実験用原子炉をつくる考えで、関連したいろいろな技術を確かめておき、資源のほうも調査していって、経済的な検討もだんだんしていくようにする。これらを睨み合わせて、次はまた別の段階の技術的な設計をやる、多少ステップを切って技術的な問題を取り上げていくほうがいいのではないか。

武谷　前にノルウェーで実験用原子炉をつくった頃ならば、なんでもいいから連鎖反応をやらすという面が非常に必要だったでしょう。しかし今日では相当実験用原子炉について世界各国で公表された。せっかく日本でつくる以上は、相当慎重な研究をして、モダンな構想をもったものでなくてはなりますまい。

杉本　実験用原子炉をつくるにしても、フランスのシャティヨンの程度[9]でないほうがいい。あれは酸化ウランを使っていて、あまり熱が出せない。冷却も何も考えていない原始的なものです。実験用原子炉でも、多少進歩した、熱の取り出し方を考えたものをつくるという構想の下に技術の研究を始めるべきだと思います。

田中　ノルウェーのはどういう型のものですか。

杉本　天然のウランと重水とを組み合せて、ウランはアルミニウムの筒に入れるというアメリカで初期の時代につくったものですね。しかし実験用といってもあんまりなめてかかるのはよくないと思う。フランスのをつくったコワルスキー等はカナダのチョーク・リバー研究所[10]の原子炉をつくってい

(8) **原子力法・原子力憲章**　原子力憲章についてはこの座談に先立つ三月一八日に、朝永が委員長を務めた原子核特別委員会が平和・公開・民主の三原則を採択していた。これは伏見康治が起草した原子力憲章草案をベースに討議されたもの。この年の四月には民主・自主・公開の「原子力三原則」を日本学術会議として謳う声明が、総会で発表された。原子力法については翌一九五五年一二月に「原子力基本法」をはじめとする「原子力三法」が議員立法により成立した。【基本法は、原子力の研究・開発・利用は「平和の目的に限り」民主的・自主的に行い成果を公開、国際協力に資するとしていた。一九七八年に「平和……」の後に「安全の確保を旨とし」を加え、二〇一二年には「安全の確保は……我が国の安全保障に資することを目的とする」に変えた。この改定は原子力規制委員会設置法の制定に際しその附則として挿入したのだ。下位法の附則で基本法の根幹を変えるとは！「国の安全保障に資する」は原子力の軍事利用を許すと解釈される懸念がある。現に国の安全保障を掲げた宇宙基本法のもとで、宇宙航空研究開発機構法から平和目的規定が削除されたことが思い出される。――二刷記】

(9) **フランスのシャティヨンの程度**　フランスのシャティヨンで一九五二年に築造されたフランス第一号実験用原子炉の出力は五kW。

る人だから、相当経験をもっていた。

田中　『ニューヨーク・タイムズ』によるとオランダはシェラーにあるノルウェーと共同の原子炉のほかに、自分の国だけのものをつくるらしい。三月四日の閣議で方針をきめて、議会に予算を要求した。これは継続するわけですが、第一年度には換算すると二二三万七〇〇〇ドル。同じ額を民間から供出するから、経費は倍になる、それを何年か続けるらしい。目的はやはり実験用原子炉で、この建造費総額は七三七万ドルになる見込です。将来原子力発電を実現するための準備段階としてやるわけです。

杉本　一番最初に必要なことは、公開程度がわからぬが、相当の人が方々の原子炉へ行っていままでやった外国の学者に直接話をきいて、現在の状況や、どういう苦心をしたかを聞いてまわり、われわれの力ではどの辺を目標にしたらいいかという判断をすべきではないかと思う。失敗したことは印刷になってはいないが、これが一番大事な点だ。

富山　まだこれでは具体的なパイル〔原子炉〕のイメージが浮んでくるところまではいっていないわけだな。

伏見　最初につくられる実験用という「実験」の意味は、例えば原子炉の内部で、中性子の密度が非常に高い環境の中でわれわれが予測し得ないような事件が起こるだろうということが想像されるわけだから、将来の大きな原子炉のための材料の基本的な研究として、こういう条件におけるいろいろな物質の性質を研究すべきではないかと思う。純物理的なパイルの利用としては、中性子解析でいろいろな結晶の構造の問題を決めるというようなこともあるが、工業的段階にいたるための原料資材の研究という目的をもたすべきじゃないかと考えます。

武谷　ほかにいろいろの問題もある。例えば熱の有効な取り出し方を発見すること等、これは簡単にはじめから予断できぬ問題で、外国でやっていることも調べ討論して、はじめていろいろアイディアが浮かんでくる問題だと思う。計画的に方向を決めていかないといけない。

杉本　ただあまり先のことは無理だ。増殖型の原子炉(11)とかは、もう一段別な段階でなされるべきだと思う。

田中　すぐ原子力発電でもできるように思っている人が非常に政党関係などに多いが、実験用原子炉をつくるのにも相当時間がかかる。これが第一の目標だということはむしろはっきり掲げたほうが話が地味になっていいと私は思う。世間ではそれがはっきりしていない。

---

(10) **チョーク・リバー研究所**　一九四四年に開所したカナダのチョーク・リバー研究所が、アメリカ以外では最初の核反応施設を一九四五年に設置した。

(11) **増殖型の原子炉**　普通の原子炉に使う燃料はウラニウムで、それは ^{235}U と ^{238}U のおよそ一対一〇〇ぐらいの混合物である。これに中性子があたると、^{235}U はそれを吸収し二つに割れてエネルギーと中性子を放出し、連鎖反応を起こすが、^{238}U のほうは中性子を吸収して ^{239}U に変わり、電子を二個放出してプルトニウム ^{239}Pu になる。この ^{239}Pu が、精製するとまた原子炉の燃料になる。^{239}Pu をたくさんつくるように工夫した原子炉を増殖炉と呼ぶ。ウラン資源の埋蔵量への危惧、原子力エネルギーへの期待感、および冷戦を背景に、六〇年代には各国が積極的にこのタイプの原子炉の開発に着手した。しかし増殖炉は技術的に難しく、プルトニウムの精製も想定以上に手がかかることがわかり、現在はほとんどの国がその開発から手を引きつつある。

日本のウラン資源

富山　あまりまる写しみたいなものをつくるのでは意味がないし、それを目標にすべきでないということは大体わかりました。ところでどういうパイルをつくるにしても必ず必要とされる問題が考えられると思う。そういうものを一応検討し、日本の現状を知らしていただくことが必要じゃないか。例えば日本にウラン資源があるか、どうか。ないならないとして話を始めなければならないし、いままでにウランの調査がどこまでやられているか、その辺の事情を渡辺さんどうぞ。

渡辺　この問題で終戦後一番最初に質問を受けたのは、恐らく私かもしれない。終戦直後まだ暑いころでした。そのころ私どもの大学の部屋に、ノックして制服の人がピストルを手にもって入ってきた。そして「日本のニッケルとコバルトの鉱床のことを知りたい」という。大体世界の主なウランの鉱石はニッケルとコバルトの鉱石に縁が深いのです。このように、当時すでに注意深く相当日本の資源に関心がもたれていた。至るところで、ニッケル・コバルト、ニッケル・コバルトと聞いて歩いたらしい。われわれは実際上ウランをどうこうしようと身近に考えていなかった。それに戦後radioactive（放射性）なものに対する取り締りがやかましくなって、われわれも皆関心を捨てたかのごとく話題にしなかった。しかし、最近鉱山師たちの動きが相当強くなって、到底われわれの常識では考えられないところにウランの鉱床が発見されたという報告が耳に入ってくる。専門家が行ってみたら、ウランの溶液を霧吹きで撒きつけて、草にもウランがついていたなどということがある。好む好まざるとにかかわらずこういう事情なので、われわれも専門の立場で一生懸命になって勉強をはじめたところで、実際上日本についてはまだ白紙の状態です。従来から問題にされていた有名なベルギー領コンゴやコロラドなどでは二、三パーセントないし数パーセントU_3O_8を含有する鉱石が採掘されており、鉱量的にもまだ相当ある。戦後の統計は秘密になりわからぬが、戦前の統計でも金属に換算して年総額五〇〇〇トンぐらい出ている。世界でそれ以後積極的に探鉱奨励をして発見させている。だがいかに報奨金を出しても、そういう産額が数百倍を突破したということがないのがいままでの常識です。相当何倍か〔投資を〕かけて相当量のウラン金属が出ていることは想像がつく。そういう程度のものは、いま日本には現在の知識では「みつかっていない」と申し上げるより仕方がない。最近アメリカの原子力委員会の地質学者（エバーハート）が「アメリカのウラン資源の状況」という論文を鉱業雑誌に出していたが、一九五一年にあった産地と一九五三年の産地とを対照した分布図が出ている。われわれの予期以上に産地が増えていて、昔はないと言われている部分から相当出ていると明らかにされた。そうすると、ますます日本のウランの資源についても調べてみぬ限りなんともいえぬ[12]。

また原子炉の予算と同時に一番大きな影響を受けたのもわれわれ地質学者のほうだろうと思う。ウ

---

(12) **日本のウランの資源についても調べてみぬ限りなんともいえぬ**　この翌年に岡山県と鳥取県にまたがる人形峠で国内最大のウラン鉱床が発見されたが、この鉱床も鉱石の質が低く、結局閉山までに得られたウランは総量にして八〇トンあまりだった。

ランの鉱石を日本で探せという調査費が一五〇〇万円地質調査所に配られた。それをわれわれが一体どう考えたらいいかということに直面している。今度の議会でウラン・ゲルマニウム・チタン鉱を日本で「法定鉱物」として取り上げる必要があるかどうか、質問が政府に出された。政府で何と答えたらいいか問題になり、これについて私もある委員会で話し合ったことがある。ウラン鉱は法定鉱物の中に入っていない。法定鉱物に決められると鉱業権の対象になり、その鉱物は個人の所有でなく国家の所有になる。同時に鉱物を管理している政府は、それを採掘したいと最初に願い出た人に採掘権を与えることもできれば、あるときはまたその権利をとりあげることもできる。掘らせる以上は、その鉱業を保護する必要があり、いろいろこまかい取り決めがある（鉱業法）。ウランがその対象になっていないと、そこらに転がっている石ころや泥と同じで土石採集法で扱われる。土地を所有さえしていれば、自分で穴を掘ってもいいし、この盛土はいらぬからと売ってもいい。その処分法を取り締ることも何をすることもできないのが現状です。その矢先に鉱業権の対象にするかどうかを取り上げられた。一生懸命に考えた専門家たちの多くの意見は（私もそうなのですが）、大体現在の鉱業法の中に入れることは反対である。つまり鉱業法で保護するとここにある、あそこにあると言ってくるのに許可を与えるとか、何かと手続き上の問題が沢山できてくる。それに対してこちらの準備対策もなければ、どういうところに出るかもわかっていない。採ったものの処理法も無準備だから、いままでの金・銅・鉛・亜鉛等と一緒に取り扱うのはいまは無理だ。またもっと積極的な意味では原子力に直結している物質で、高々二十トンもあれば莫大なエネルギーになる。どういう方面に利用されるかは各方面に大きな影響をもつので従来の鉱業家の常識で判断するものではない。

それなら世界中の動きを眺めてみる必要がある。重要物質だから各国とも大体特別な原子力委員会のようなもので特別扱いをしている。例えばアメリカでは〇・五パーセント以上のウランを含んだものは原子力委員会の許可なく絶対に動かしてはいかん。同様な法律が恐らく各国全部あるだろうと思う。その最中で日本は何もそういうものはない国の一つになっているから、もし問題にするならまず法律等を十分考えた上でなくてはならぬ。それには鉱山局とか鉱業家とかいう狭い範囲では到底始末がつかない、原子力管理の問題とともに総合的に真剣に考えていただきたいということを方針にすることで意見が一致した。

編集部　一五〇〇万円の予算で地質調査所で大騒ぎしているが、その論議の中心はなんですか。

渡辺　調査所でも研究所でも自主的な計画・目標をもって仕事を進めていくわけです。それに大きな変化を与えることが相談なく行われるから無理が生ずるのです。しかし役所の予算の一割にも相当する多額ですから、もちろん十分関心をひく問題ですから調査は十分してみたい。ただ原子炉をつくるから資源を探せといわれると、私どもは原子炉には何トン要るか、原子炉は何のためにつくるのか、鉱石の管理はどうするのかと質問したくなるのです。

杉本　実験炉ではウラン数トンの範囲と思うが、その範囲でも〔国内産出の可能性は〕白紙ですか。どういう炉が建造しうるかに関係してくるので伺いたい。

渡辺　ある限定した量になると簡単に白紙とはいわれない。コストの問題ですから。金さえかければ白紙から灰色ぐらいになる。あまり金をかけずに済む（経済的に採掘しうる）程度の鉱床が日本にあるかどうかは別問題です。現在の知識では高品位ウラン大鉱床の存在は否定的だと思う。

田中　日本で含有率〇・一パーセント程度までの物がありますか？

渡辺　指先くらいの石ならばパーセント代のもありましょう。要するに量の問題です。〇・一パーセントくらいのが数トン集められる見込は、まだはっきりわからない。あるという人もあり、ないという人もあります。日本でウラン鉱物がわかっているのは、ペグマタイト（巨晶花崗岩の中にある粒のあらい長石・石英・雲母などの集合体）という花崗岩に似た岩石中に見出されている。外国でもこれから集めている例がないわけではない。ポルトガルでは年に二〇〇トンくらい、マダガスカルでも多少出ている。ウランを目的に掘っているのでなく長石とかベリル（緑柱石）とかの副産物で一緒に集めている。副産物一トン掘るのに本物は何千〜何万トンを掘っている。それですと福島県に沢山あって、何千トンと長石を掘っておるから、いままで放置してあるのから積極的に集めると数トン程度なら可能性が生ずる。

富山　次は精錬問題にぶつかるが、どうでしょうか。

杉本　私が木村（健二郎）先生に聞いたのでは、酸化ウランに持ってくるのは簡単で、メタルにするのが難しいということです。それで酸化ウランでは役に立ちませんかとよく聞かれる。

伏見　それも原理は簡単で、単にカルシウムで還元するだけです。問題は純度を高めるところにある。それもエーテル抽出法が公表されたから、ほとんど問題はないと思う。

武谷　問題は、炉の材料全般にわたってそうだが、物質に対する厳格な要求ということです。純度が満足できるかどうか中性子を当ててみなければわからない。化学分析では判定できぬ程度です。

富山　パーセント以下の微量なものが相当致命的な働きをする。

杉本　例えば石墨中の硼《ホウ》素[13]は百万分の一のところが問題だ。

武谷　そういう場合純度を調べるのに中性子を用いる方法があるが、その中性子源としてサイクロトロンが不可欠です。「われわれが原子核委員会で討議していても、委員会をすっぽかして、学界以外の誰かがやってしまう」ということを武田〔栄一〕君あたり気にしている。だからわれわれは即刻始めねばならぬという論法がある。しかしそれは核物理屋を使えばできるが、〔核物理屋を〕別にしてやるのは恐らく不可能、ないし相当年期がいる問題です。

田中　どういう含有率の〔ウラン鉱石〕が、どの程度あるかわからない、抽出も相当金がかかるとなると、経済的にみて、うっかり手は出せない。しっかりした調査が必要だ。

武谷　ただ実験炉なら、設計が問題だが材料の点では必ずしもつっかえず用意できるかもしれない。〔ウランの〕国際管理を待ちながら実験用パイルをやるということで……。原子爆弾さえなくなればそんなに外国でも確保しようとは思わぬだろうに。

---

(13) **石墨中の硼素**　石墨（黒鉛）は原子炉の反射材として使われるが、不純物としてホウ素が混入していると中性子を効率よく吸収してしまうため、高純度の黒鉛が必要になることへの言及。

渡辺　ただそうなっても、非常なエネルギー源になるものを価値以下の値段で外国に売り渡すことがあるでしょうか？

杉本　将来日本で原鉱処理から増殖炉まで確立されればウラン輸入の金額は石炭に比べて知れたものです。

渡辺　逆に日本にあったとするとウラン十トン輸出されれば、石炭三億トンを持っていかれたことにもなる。ただでさえ〔資源が〕ないのに三億トンも石炭がなくなれば立つ瀬がない。鉱物資源に特徴的なことは一度採ればなくなる。そこが米や麦など何回もできる物とは違う。アメリカでは石油を自分のところはなるべく掘らずにむしろ海外から輸入する。鉄鉱もなるべくなら海外の豊鉱を割合安く輸入している。Conservation of materials（物質資源の保護）が根本原則なのに、日本ではないと言いながら実に無雑作に鉛などパッと売ってしまう。

田中　ＭＳＡ[14]の第二条にアメリカ側の不足資源についての日本側の義務が規定されている。一応紹介しておきましょう。これは仮りに日本でウランが相当産出できた場合には生じうべき問題である。それほどでないときは生じないと思う。次のように書いてある。「日本国政府は、相互援助の原則に従いアメリカ合衆国が自国の資源において不足し、または不足するおそれがある結果必要とする原材料または半加工品で日本国内で入手できるものを、合意される期間・数量および条件に従って、生産しおよびアメリカ合衆国政府に譲渡することを容易にすることに同意する。その譲渡に関する取り決めに当っては、日本国政府が決定する国内使用および商業輸出の必要量について十分な考慮を払わなければならない。」ごく少量のウランならアメリカもくれと言わぬだろうが、このMSA第二条のあることを知っておかねばならぬ。

朝永　そうですね。すでにMSA協定を結んでいる国での実情はどうなっているのですか。

田中　ウラン関係の実情はよく知りませんが、相当これをやっているようです。メキシコはウランを要求されて、軍事援助を断ったことがある。

重水生産と原子炉の設計

富山　もう一つ大きな材料として重水が問題になっている。その生産問題はどうですか。

杉本　日本はノルウェーないしそれ以上に電解工業が盛んだそうです。そういう点からいえば重水を量産するポテンシャルは確かにもっていると思う。いまある電解槽をただリアレンジ〔改造〕するだけで相当パーセントのものができる。この段階で電力を相当食うわけだから、重水を大量生産してもいまより電力がうんと要ることはないと思います。これで二パーセント重水までいく。それから先の濃縮はまったく別の装置を使わねば駄目だと思う。そこでは設備費が要るかも知れぬがこれには年産目標額の問題がからむ。平均的利用の原子力工業における重水の役割はかなり過渡的なものではな

（14）ＭＳＡ　日米相互防衛援助協定のこと（一九五四年三月締結）。

いかと思う。かなりの期間続くかも知れないが、増殖炉になると重水を使うわけにいかぬ（かもしれない）。この辺の見通しがまだついていない。増殖炉はいままでのモデレーターを使って熱中性子で連鎖反応を起こさせるのでなく、高速または中間速の中性子を使う。

武谷　均一炉である程度までいければよいが。

田中　イギリスではプルトニウムをふやしている。プルトニウムを芯とした増殖炉をつくる考えのようですね。

杉本　高速中性子とプルトニウムがないと増殖できない。${}^{235}U$は少ないから、大規模なものはプルトニウムを使うべきだが、これは熱中性子では駄目なのです。

伏見　昨年八月にオスローとシェラーで重水原子炉の国際会議があった。ノルウェーのG・ラナースとフランスのコワルスキーとが席上で重水の見通しについてこう言った。ノルウェー等では、まずプルトニウムの生産目的の原子炉をつくるだけの経済的な余裕がない。${}^{235}U$を拡散法で分けるのも金がかかって小国ではできぬ。だから当分純粋な核分裂物質は小国ではあきらめて、天然ウランで当分進まなくてはならない。天然ウランで原子力発電をやる段階があるという考えです。ウラン原子炉中でプルトニウムがある程度できたら貯蔵しておく。相当量に達したときはじめて増殖炉用に使用する。それまでは天然ウラン＋重水で長い間いくというのでした。

その他の原子炉に関する技術

富山　技術的な面をさらに伺いたい。中性子を遮蔽する石墨や、またアルミの問題はどうか？　新しい金属も登場するかも知れませんね。

杉本　アルミニウムくらいまでは問題がないが、ジルコニウムやベリリウムは日本で取り扱ったことがない。発電用になると炉の温度が上ってくるので、核物質の包装に、中性子吸収が少なく耐熱性があるジルコニウムやベリリウムが必要になってくるそうです。

富山　ほかに放射能に対する人体防禦の問題とか、遠隔操作の技術とかはどうですか？

杉本　原子炉ができてから主に関連する問題だが放射線傷害の対策とか、いろいろの形で原子炉から出てくる放射性物質の処理に関連した技術は人道上のことで、いまからやっておかぬと困ることができてくると思う。放射性同位元素は大分強いのも輸入されており各地の研究者がすでに扱っている。それに今度のビキニ事件で経験が積まれるのじゃないでしょうか？

武谷　技術的にはすべて遠隔操作です。

杉本　将来だんだん原子炉が大きくなってくると、つくる場所が問題です。ウランの断片の放射能は強く、その捨て場所が問題になってくる。原子炉自身の安全性の問題もある。それについてイギリスのヒントンがひどく神経質なことを演説している。アメリカのスマイスは多少違う見解ですが、ヒントンは原子炉自身が爆発する危険を心配している。例えば石墨型で水冷式の炉は場合によってはいろいろな安全操作が失効したとき、安全限界を超える可能性がある。カナダの炉が一度ウランの温度が上って爆発したが[15]、ヒントンは「試しにこの臨界状態を超えた原子炉を一回やってみたい、アメリカは金もあるし、土地も広いからぜひやってくれ、原子爆弾の実験よりためになる」といっている。将来の原子炉のデザインの上でためになる。

富山 不足する人手の養成について、朝永さん、核研の立場から御意見ありませんか。

朝永 ウランの探鉱には原子核物理学者は要らぬだろうが、仮りにいま目の前にウランを積んでくれたら、あとは原子核物理学者の仕事だと思う。将来はやはり原子物理学者——いまいる原子核物理学者でなく、原子炉の専門家ができると思うが、さしあたって原子核をやった経験のある人が必要なデータや技術を一番もっているから、欠くことのできない役目をするのじゃないかと思う。

武谷 初期には相当構想力のある原子核物理学者が必要になる。あとになると技術が中心だが、ちょうどアメリカで最初はフェルミが指導したように。

田中 将来の問題として、パテント〔特許〕の問題がひっかかってきて、何をやろうとしても大抵パテントにとられているという問題にぶつかりそうですね。

伏見 日本の民間会社が動き出しているということがあるとすれば、現実に発電までいかないまでもパテントだけはとっておこうという心がまえだと思う。

田中 アメリカはいまは全部ＡＥＣ〔原子力委員会〕が持っている。現在は民間会社に発電用原子炉の建造を奨励している。その場合でも今後大体五年くらいは、仮りにどこかの会社が技術的のパテントをとっても、それを独占しないで公開させる。理由は現在AECの仕事を大きな会社だけがやっているから、経験が深いそれらの大会社がどうしても早くパテントをとりやすいと、いままでタッチしていないところはその機会が遅れる。五年ぐらいたって、全部〔の会社〕がタッチするようになって、はじめて正式のパテントを認める。それまでは共有財産という考えです。

武谷　日本も相当程度まではパテントは認めないか、特定の団体が占有する方法をとるべきだと思う。

アメリカの原子力政策

田中　日本の原子力研究をやる場合、一応、日本で何から何までやる建前でしょう。ところがこれは相当長くかかる。ところがアメリカの原子力政策がかわってきて、横からこっちにつながってくる場合もある。その角度は二つある。一つは軍事的な面、もう一つは平和的・産業的利用の面です。アメリカ全体の考え方は、米ソ対立の中でアメリカのいわゆる自由世界を軍事的にも、経済的にも強化

(15) カナダの炉が一度ウランの温度が上って爆発したが　この座談に二年先立つ一九五二年に、前出のチョーク・リバー研究所の原子炉でレベル5の爆発事故が起きていた。

するというのが大きな目標なんです。その目標の中で原子力情報をいままでよりも、軍事的面および産業的の面で、外国に対して少し拡げようというのが今日の原子力法改正[16]の根本の趣旨です。軍事的なほうはアメリカと協同防衛関係にたつ国と防衛計画および原子戦のための兵員訓練に必要な戦術的情報（原子兵器の戦術的利用に関する情報）を交換できるようにすべきだという。もう一つは平和的利用のほうで、一般の技術情報のほかに原子力の産業的利用に関するある種の制限されたデータの交換および産業的・研究的利用に適当な量の核分裂性物質のリリース（release, 供給禁止解除）ということを言っている。これらが可能になるように原子力法を改正してほしいと、教書で大統領が言っている。分裂性物質をリリースする場合には、受領国が軍事的目的に使用しないという保障がなければならぬといっているから、それで兵器をつくらせる考えは含まれていないようです。そこまではよいのですが、情報、ないし核分裂性物質のリリースをやる場合の条件が五つある。一つはデータの機密性と重要度から判断する。第二は情報の受領国がいかなる目的にそれを利用するか、第三番目は相手国のsecurity standard, 機密取締り法規の備わり方の状況ですかね。法規ばかりではない。その国の国情として漏れやすいという場合もふくまれる。四番目は自由世界防衛におけるその国の役割、アメリカの世界政策に協力する度合とか役割の大小、五番目は相互安全保障努力に対し、その国がいかに寄与したか、また寄与できるか、この五つの項目を基準にして、一つ一つアメリカの利益になるか、ならないかを考慮して情報をやる程度とか範囲とか、やるやらぬを決める。この原子力法改正はいま議会で審議している。いずれどこかの国に対する情報供給が始まる。核分裂性物質をやる国は、鉱石を供給しているから、まずベルギーのような国じゃないか。日本の場合は将来そういう関係ができるとしても、どれくらいのランクをつけられるかわからない。妙な関係ができてこっちで相当一生懸命やっているところに、横からポカッと入ってきて、日本の政府あるいは産業界がそれを簡単に受け取ってしまうこともあり、むずかしい問題がそこから出ることもあると思う。学術の発達に好ましからぬ形で、機密法規がもちこまれるおそれもある。学者のかたがいまのうちから策を誤らないようにされる必要がある。一方、長い目でみると、原子力活動にそう秘密がなくなり、むしろ向こうとしてはプラントや原子核燃料の輸出を重視するように将来なってくる可能性はある。イギリスなどはそう考えているようだ。こっちで自力である程度原子力発電をやり出す場合、まだ芽ばえの弱いうちに向こうがドカンともってこないとも限らない。水主火従の日本の電力体系は、いずれは行きづまるのですからね。

武谷　ぼくは向こうで相当の単位でやり得なければ、辺鄙なところでの経済的な動力源になり得ないと思う。

朝永　しかし向こうはどう応じるかわからぬが、日本人は新しいものが好きでしょう。それを貰って日本の経済状態を改善できる段階になる前に欲しがる人間や、それを振りまわして便乗的に利用する人間がいやしないか。

（16）**原子力法改正**　アメリカの原子力法は一九四六年に制定されたが、この座談と同年の一九五四年に、原子力の商用開発・利用を活性化する方向に大幅改正された。

田中　いまの政党の知識の水準では、なりかねない。

富山　教わりに行くにも、早い話がアメリカにもぐり込んだならばあとに引けないこともあるのじゃないか。

伏見　秘密のないところに行く。例えばノルウェーとか、スウェーデン、フランスもと思ったが、大分最近軍事兵器をつくることに決まったらしいから。

検討委員会の設立

田中　私の考えでは、いまの予算は別として、一応長期の構想を立てると、平和的利用に限ることをはっきりすること、もう一つは研究体制やその中での仕事の手順や、長い期間、相当な額の国民の金が投資されるのに対してむだにならないようにすることが肝心である。アメリカでもはじめのスタートは、アカデミー〔学術会議に相当する組織〕でReviewing《レヴュー》 Committee〔検討委員会〕をつくった。計画のみとおし、進展状況を時々に査定して、段階段階で、ここではこれだけ金を出してもよい、やるべきだと順繰りに決めていった。これは朝永先生のような方が委員長になられて、権威あるReviewing Committee をつくって、無茶に予算が出ないように順次着実にやられる必要がある。

武谷　それは非常に参考になる。

田中　こんどの予算でも、いきなり通産省へいったことはずいぶん問題だと思う。実験用パイルを中心としたイギリスのハーウェル研究所のような中央研究所のようなものが、最初の段階には中心に仕事をすべきだと思う。少なくとも最初の段階は、通産省でないほうがよい。文部省でもよいでしょう。そこで五年ぐらい実験用原子炉を中心題目とした基礎研究をやってから通産省の段階に入る。それくらいの順序を正しく踏んでいただきたいと思う。

伏見　いま言われた構想は、非常に強力な原子力委員会をつくるということだと思う。ところが、それではいけないという建前が学術会議なり、三十九委員会の方針であった。

朝永　いけないのは、「その時々の政治力に左右されるような」ということじゃないですか。

伏見　アメリカやイギリスの例は、兵器産業として出発しているので、そういう委員会と政府全体の考え方と食い違うことはあり得ない。ところがそうでなかった場合は、ある強力な機関をつくることは危険です。

田中　いずれにしても財政投資でしょう。政府の金でやるわけですね。政府とのむすびつきは、この場合一つの因縁で、いずれにしても免れがたい。こんどイギリスは発電部門だけ改組して公社にする。しかしハーウェル研究所そのものは基礎研究を続けていく。

武谷　批判されたのはポイントが違うからで、茅・伏見ライン(17)は、学術会議の検討する前に最初に政府部内の強力な委員会を持つというので、それは困る、やはり学術会議の指導のもとにやれという

(17) **茅・伏見ライン**　一四四頁に既出の「茅提案」のこと。注5も参照。

意味での批判です。ステップ・バイ・ステップで地固めしながら、強力な委員会ができてくるならば、やる以上はある程度やむを得ない。それを最初からポコッとなんの準備も保障もなしにゆくところに危険がある。

田中　伏見さんの懸念を防ぐには、一つは法律で平和的の利用に限るという線をはっきり打ち出すこと、もう一つは国民の世論でその法律を守ること、どんな法律でも情勢によって変えられるおそれが多分にある。まあしかし、こんどのマグロのこと[18]からも、原子兵器の発達の状況からも、日本がのこのこ後をついていっても、事実原爆はできもしないし、軍事的研究を考え出すかどうかも疑問です。しかし用心はしなければならぬ。平和的利用に限るという法律を国民が守るということしかない。

伏見　まったく別の考え方ですが、統制的のものを一切つくらず、民間の各機関、大学も含めていろいろの機関が、将来の原子力に備える基礎的研究をそれぞれおやりなさいと奨励することも考えられる。

朝永　いまの Reviewing Committee というのは建前がそれなのでしょう。

田中　ある段階まではそれでいい。だが日本のような貧乏国で、実験用パイルをつくるとすれば一つでしょう。そうすると、何かそこに集まる組織が必要になってくるのじゃないでしょうか。

伏見　その場合にさっきの武谷さんの精神を具体的に実現するとすれば、原子核研究所〔核研〕の場合と同じに、スタッフは各大学にいる。核研はある特定のサイクロトロンを建設するために全国から集って共同利用する。研究所は統制機関ではなく共同利用の施設、原子炉を核研に含めても、別でもよい。そういう形態が望ましいのじゃないか。

編集部　問題は Reviewing Committee が政府の御用をつとめ、政府のいう原子力発電なり、もっと危険なものに持っていく Committee であるか、原子力の平和的研究という学者側から出てくる Committee であるかです。今度の原子力予算の出し方を学術会議やＳＴＡＣ[19]がコントロールできなかった。将来自立性のある委員会ができるかできないかは、今度の金を学者側がどう生かして使っていくか。その結果と業績とをもって、どれだけ強力な発言ができるかで問題が決まってくる。

武谷　政府が勝手に委員会のメンバーを一定の官僚学者にかぎらないで、学術会議的な委員会であればよい。

(18) **こんどのマグロのこと**　ビキニ環礁におけるアメリカの水爆実験と第五福竜丸の被爆による「放射能マグロ」騒動。第五福竜丸から水揚げされた魚の一部が静岡県内で消費されていたことや築地市場にも届いて差し止められたことが報じられると、全国の市場に大混乱を招き、風評被害で関係のない魚まで忌避される騒ぎとなった。

(19) **ＳＴＡＣ**　科学技術行政協議会のこと。一九四九年の学術会議の発足と同時に、学術会議と協力して科学技術を行政に反映させ行政機関相互の連絡を図る目的で総理府に設置された。委員二六名の半数は行政機関の官吏、半数は学識経験者とし、後者の任命には学術会議の推薦を尊重しなければならない（しかし、発足のとき学術会議が推薦した委員のうち一人の任命を総理が拒んだ）。やがて当時の自由党から科学技術のより強力な統御を求める声がおこり一九五六年三月に科学技術庁が発足、その下にできた科学技術審議会にＳＴＡＣは吸収された。さらに正力松太郎科学技術庁長官が行政機構の強化をめざして科学技術会議の設置を考えたが、強力な機構は統制の強化につながるという科学者や学術会議の反対があり、発足は一九五九年二月になった。科学技術会議には文相、蔵相などに加えて学術会議会長と五名の有識者が参加するものの、学界の意見を汲み上げる機能はきわめて限定的である。以降、行政と学術会議会長と学術会議の関係は希薄化の一途を辿った。

朝永　かなり力を持った委員会とか、中央研究所をつくるとだけ言っちゃうと、強力な天下り的統制をやるものをつくれといっていると思われて困る。伏見さんの言われたような注意も十分しなければならぬ。

伏見　つまり能率だけに関心を奪われるといけない。

田中　予算が、最初の五年くらいは学者中心の意見で組まれれば間違いない。それだけ学者が力をもてば。

朝永　統制をすれば予算がむだにならぬかというと、逆だと思う。下手な統制はかえって予算をむだにする。

編集部　学者中心もよいが、日本が遅れて出発している以上、自由な競争ではなく、いまこそ正しい方法論を把握して進まねばいけないのじゃないでしょうか。

朝永　どういう面が自由競争の形がよいとか、どういう面が一つ所でやらなければいけないかを知っているのは研究者でしょう。何もかも一つ所に統制するというのではない。

原子力憲章

富山　いろいろなお話を伺ったのですが、最後に原子力問題について核物理の人が京都で討論されたときに出た原子力憲章のこと[20]を、まとめられた朝永さんに。

朝永　われわれは原子核物理学者として、原子力研究のあり方ということに、いろいろ非常に関心を持って討論をした。いろいろむずかしい問題が沢山あって、法律経済の方に伺いたいが、少なくとも原子核の研究者として、これだけのことははっきり言えるじゃないかということを、少しまとめてみたのです。

まず第一は、平和的利用に限る。これは原子核物理学者だけでなく、誰でも言える。それが一つの基本的な点です。あとは研究を進めていく上からいって、秘密ということが、非常に研究の阻害になる。この点はあまり普通の人にはわからないんじゃないかと思う。実際研究をやっている人間には非常によくわかる。なぜ秘密をいやがるか、もし、うっかり酒でも飲んで漏らすと牢獄に入るのでは、あまりよい気持ではない。そういう心理的の不愉快さはある意味でセンチメンタルかもしれないが、実際研究を進める上に秘密ということは非常に障害になる。現在の科学が非常に急速に進むというのは、結局いろいろの学者の間の自然に行われる協力〔があるから〕だと思う。協力とは何も一緒に研究するとか、研究を分担して宿題研究をやるとかいう形で意識的に協力するのではなく、自然に行われている協力が、非常に大きな役目をしている。自然に行われている協力とは何かというと、研究者

---

(20) **原子力憲章のこと**　注8参照。朝永率いる原子核特別委員会が平和・公開・民主の憲章を採択したのはこの年の三月一八日である。二・三五億円の原子力予算を含む修正予算案の提出が三月三日、第五福竜丸の被爆がその前々日の三月一日、第五福竜丸の被爆に関するスクープ報道が三月一六日だった。

が自分の研究の結果を洗いざらい発表する。それをほかの学者が追試して抜けているところを補うこともできる。実際上学術雑誌がたくさん出て、それを読むことが研究の大きな部分を占めているのはこの事実を意味する。秘密ということで発表が行われないと、この意味での協力が全然できないことになる。狭い範囲の学者、閉された学者がこっそりやっていては、とても現代的のテンポで研究を進めることは不可能です。特に原子力の場合は、単に物理学だけの問題じゃない。技術・化学・鉱物・法律・経済、あらゆる方面が関係していますからなおさらです。秘密というような制限がなくても、日本の研究はとかくセクショナリズムで、非常に協力が阻害されていることは、誰でも言っている。その上に秘密ということがあると、とても健全な発展は望めない。アメリカなんかでも、オッペンハイマーだとか、リリエンソールなどは、秘密が多すぎるために、アメリカの原子力の研究が遅れるということをいつでも言っていた。あれだけ大がかりな学者の動員をやってすら秘密が進歩を阻害している。これだけのことは純粋の原子核の研究者としてははっきり言えると思う。

もう一つ必要なことは、能力のある研究者には誰でも実際にデータが知らされるばかりではなく、実際に自分が研究に参加することができなくてはならない。セクショナリズムや閥があってはならない。特に原子力ではどこにどういう有能な人がいるかわからない。はじめからきまりきった研究ならば、特定の専門家があるわけですから、その専門家だけでやっていけないことはないわけですが、そういう場合に、能力ある人はだれでも参加できるような体制が必要です。研究所をつくるとしても、いままでの体制のように特定の研究所の所員だけが研究するのではいけない。同じ理由で言えることは、外国の秘密のデータを教わって、物もついでにもらってやれば早道かもしれませんが、それは限られた範囲の中での早道で、日本全体の進歩というのではない。

これは普通の学問ではあたりまえのことで、現在ではおのずから行われていることですが、原子力研究は不幸にして兵器研究として出発したのでこのあたりまえのことが実際行われていないのです。

編集部　秘密とは、やはり外国との結びつきの秘密で、日本の研究をよそに秘密にしようかとか、漏らしては困るということは、当分起ってこないわけですね。

朝永　いや、それはわからない。

富山　秘密ということは、日本の中だけでも特定の人の利益と結びつく。これだけの大きな予算だから、国民全体の利益に結びつく研究でなければならぬ。

武谷　朝永委員長がおっしゃった最後の項は、伏見憲章[21]の第四条にあった。それをある大学教授が、あれは共産党のシンパを除外しないためだろうといったと新聞が報じている。しかしそういうことをいうこと自身が大体おかしいし、日本の憲法すら知らぬことになる。むしろこのほんとうの重点は、学界のセクショナリズムでいままでの研究が阻害され、とくに今度の原子力は全国の共同でできあがる問題だから、セクショナリズム的人間の選択をやるということは破壊的である。しばしばセクショナリズムを守るために、思想的な言葉でおきかえて守ろうということがあるから。

(21) **伏見憲章**　注8の、伏見康治による原子力憲章の草案。

編集部　今日の御討論を一言でまとめると、日本の原子力の問題を学者の手からはなしてはいかんということですね。

武谷　同時に、相当の予算が出ると、すべてのアイディアをひっくりかえして、ケチな予算に追随するという態度はいかん。

編集部　学者の独立した精神と、行動というものが、ますます強く要求されると思うのです。さまざまな権力に次々に乗る可能性ももっている。それに結びつく人が一番危険性をもっているから、よほど節操ある行動をしてもらわなければ困る。学術会議もよほど覚悟をきめて行動しなければいかんと思います。

田中　さしあたり、日本として、何もしないでいるわけにはゆかない。学術会議なりが、日本の原子力研究はこういう方向と手順でしなければならぬということを、ここ一年くらいの間にはっきり打ち出さないと、来年また予算が出てくる。それをしませんとまた変なことをされる。学術会議も、それはいずれなさるわけでしょう。

武谷　三十九委員会がわれわれを動員するというならば、われわれ能力の範囲でいくらでも応援する。そこはわれわれ三十九委員会を信頼しているわけです。

富山　しっかり頼みます。

座談　日本の原子力研究はどこまできたか

駒形作次[1]　内田俊一
朝永振一郎　武谷三男
有沢広巳　田中慎次郎
富山小太郎

（『科学』一九五四年十一月号掲載）

編集部　本誌は昨年（一月号）から今年（五月号）にかけて、二度まで原子力問題を取り上げて参りまして、最初の座談会では日本が原子力をやってよいか、悪いかといった議論が、主として物理学の側から多く議論されたのですが、昨今いよいよ原子力予算の用途が具体的な形で決まろうとして（調査準備という段階ですが）、事情は最も切実・具体的になった形です。そこで予算使用法に関する論議の詳しい経過は、誰もが非常に知りたい点だと思いますので、一応それを紹介していただき、次に今後どういう形でこれが日本に具体化されていくだろうか。その方針、また実際どの程度まで技術的にも可能性があるものか、それに伴う経済的な諸問題、日本のエネルギー源としての原子力を開発していく必要性の有無などを、今日の段階にたって再び皆様にいろいろ検討していただきたいと存じます。

今日は、予算使用の責任者である駒形先生、技術面では内田先生、物理の立場からは朝永先生、武谷先生、全体の経済的な立場について有沢先生、また海外の動きについて田中先生からお話しいただきたいと思います。会を武谷先生に進めていただきたいのですが。

武谷　では最初に駒形先生からいろいろ経過をお話し願いたい。楽屋裏のことも差し障りのない限り話していただけば、一般の理解も深まると思います。

原子力予算の経緯

駒形　御承知のように、前国会で三党修正により二億三五〇〇万という「原子力利用の基本的調査研究の補助金」なる形で予算が成立しました。これははじめは「原子炉の築造」予算という名前で新聞に出ておりましたが、これにはいろいろと反対があり、結局いまのような形に変わりました。〔通産省〕工業技術院には一般の工業に対する助成金という予算の枠があって、その中に一括されたのですが、原子力は他のものとごっちゃにできないので、早速大蔵省と話をして別の費目をたて、まったく切り離した形にしてもらいました。成立の直後国会でもどういうふうに使うのだと種々質問が出ましたが、細かいことは当時政府としては決まっていないので、「慎重に使い方を考えます」ということで一応国会は終りました。さて政府の部内でも、将来を考えると非常に重要な問題であり、単にこの予算を使うという以外に、原子力に関しての国のポリシーがなくてはならぬはずだから、それをまずやるべきだ、しかしその結論を待っていると恐らく長い時間がかかるであろうから、最後の結論が出るまで待つわけにゆかない。それでまず内閣の中に原子力利用準備調査会をつくり、そこで一般的なポリシーの取り扱いをスタートすることになりまして、六月のはじめに会合が始まり、その第二回のときに予算の話が出て、その直後にこれを受けて予算の使い方を考えていくため、通産省の中に原子力予算打合会というものが発足した次第です。

原子力利用準備調査会では、原子力は――勿論平和的利用に限るわけですが――日本の資源から考えて発電にもその他の一般的な平和的利用にも重要だから十分考慮していかなくてはならぬということが一つ、もう一つは一応実験原子炉をつくることを目標として原子力に関する技術を確立するため

（1）駒形作次（一九〇四―一九七〇）通産省工業技術院に原子炉築造助成のための二・三五億円の予算（「原子力平和利用研究補助金」）がついた五四年当時の同院の長。専門は電気工学。のち特殊法人日本原子力研究所理事長に就任。
内田俊一（一八九五―一九八七）東京工業大学学長（当時）、化学者。硝酸合成法の研究で知られ、日本の化学工業の創始者の一人。

有沢広巳（一八九六―一九八八）東大経済学部教授（当時）、統計・経済学者。戦後復興の傾斜生産方式（工業復興のため、資材・資金を鉄鉱と石炭の二分野に超重点的に投入する経済政策）を立案するなど、政府のブレーン役を務めた。原子力委員会委員長代理にも就任し、原子力政策を推進した。

武谷三男、田中慎次郎、富山小太郎については一四三頁の注1を参照。

に、その基本的な調査研究を行う。こういう線が出されたのであります。その線を受けて予算を考えることになりました。まず原子力予算打合会のメンバーには学識経験者十名の方に、あとは通産省、経済審議庁の方に委員を、文部省、大蔵省の方にオブザーバーをお願いしました。特に学識経験者の委員については学術会議にも御相談いたしまして、それでよいだろうという御返事をいただいて発足したわけであります。

まず調査部会（部長は茅〔誠司〕）、構造部会（藤岡〔由夫〕）、材料部会（内田）、資源部会（青山〔秀三郎〕）の四つの部会をつくったのです。調査部会の方は一つは海外の状態を調べるため向こうに人を派遣することで、各部会からそれぞれ候補者を出していただき、それを調査部会で目下検討中であります。大体学識経験者として八名、ほかに準備調査会および打合会の関係者各一名を加え、全体として十名とし、全部一団になって行くのではなく、その事柄によって相手側との話がついたところから三々五々行くというふうになると思います。しかし人数の点が最終的に決まっておりません。もう一つは国内にある資料の整備が検討されました。

構造部会では、原子炉の設計、測定の技術、危害防止等を取り扱うことになっております。一応これらの事項について、こういうことを調べようという話をしたところで、まだ具体的になっておりません。この件については、私よりむしろ朝永先生のほうがよく御存知です。

材料部会は重水とグラファイトを一応考えるということになっています。重水関係の人の集まりをつくっていただいて重水小委員会ができました。重水の製造方法としては、一つは水素ガスを液化してそれを分溜するやり方と、もう一つは硫安製造の水の電解のときに出てくるドレーンを使ってそれを交換反応で重水を濃縮する方法、この二つの方法の基礎的なことを最先きにつっこんで調べていく必要がある。また、相当程度濃縮したものの最後の仕上げは回収電解法によらねばなりませんからこれの実験と、都合三つのテーマをとりあげております。それからレフレクター〔反射材〕としてのグラファイトはそう問題はないが、やはり精製技術は早くから手をつけたほうがよいということになっています。

資源部会の方の関係ですが、予算の二億三五〇〇万円のほかに、国内のウラン資源を調査する費用として地質調査所に一五〇〇万円が別についておりますので、これも一緒に資源部会として取り扱うことになり、最初は放射性鉱物を探査する技術を確立する。ある程度それができた場合、国内を広く探査してみるということになりました。ウランの精錬関係を取り扱うのは、最初は材料部会とされておりましたが、途中で資源部会でやることに変更され、福島県あたりにあるものを試験試料として入手し（まだしておりませんが）それで精錬をやってみることになっております。燐鉱石の中にウランがわずかながらあるのですが、何しろこれは外国から輸入されるものであり、これを利用するとなると、その供給をストップされてはたいへんだという心配があるものですから、そういう問題はどうなるか、目下いろいろ研究しております。資源の探査に関連してのことですが、現在ウランは鉱業法の法定鉱物（前座談会「日本の原子力研究をどう進めるか」参照）になっておりませんし、なんらかの措置が必要と考えられ、これはゼネラル・ポリシーにも通じますので、準備調査会に、こういう問題はいかが考えたらよろしいか伺いをたてているところです。

このような状態の下で、大体金を交付するときの要領を事務的には準備しておるところです。この間、各部会の連合部会を開いて、各部会の状況をお話しになり、また全体的なことも検討していただきました。

準備調査会のほうでは、この間、総合部会というのが発足しまして、二回ほど会合があり、原子力研究開発にあたっては平和的利用という原則の上に、なお「できるだけ公開する。衆知を集めて、わが国の自主性をそこなわないようにやらなければいかん」という申合せをされたことは新聞にも出ております。打合会のほうはもちろんそれを受けてやっていく考えです。

武谷　現在一番困難なことというのは何ですか。

駒形　いま申しましたように、七～九月と三ヵ月、非常に慎重にやっておりますが、そのくらいの時間はかかるだろうと思います。しかし一方では、もう年度も半分過ぎている状態なので、何をしているかという方もありますし、われわれは中に入って……。難点というのはやはり具体的にスタートを切ってみないとわかりません。

武谷　将来の見通しはどうでしょうか。

駒形　第一年度の金で、原子力利用がすぐ実現できるものではないことは当然ですが、実際実験原子炉をどういうスケジュールでやるか決まらないとほんとうの金の使い方はできない。そんなわけで総合部会等でもう少しいろいろと一般的な問題を進めていただきたいと思っています。われわれのほうも一つ小型実験原子炉を五年くらいの目標でつくって、原子力に関するいろいろなことがある程度やれるようにと考えています。第一年度はそれに必要な基本的調査研究をやるというわけです。

武谷　同じ実験炉でも、目的によって（発電用とか、アイソトープ用とか、軍事用とか）構造が違うわけです。目標がなければつくりようがないのではないですか。

駒形　それは構造部会でも議論していただいております。日本でまずできるものを考えなければいけないわけでしょうね。すぐ増殖原子炉→発電用とはいかない。

朝永　構造部会としてはどういうものをつくるという指示はしていないのです。いろいろなものをこれから検討してデータを出していこう、こういう目的のものをつくるにはこういう点が問題になるというような検討をやり、これからポリシーを立てるための資料を出そうという段階です。

武谷　そういうことですか。つくろうというより勉強という段階ですね。そういう段階は結構だと思います。

駒形　今年のところはそうなると思います。材料なんか少しは早めなければならぬと考えているのですけれども、それでも基礎的な調査から始めるわけです。

田中　政策というのは選択の問題ですから、いまどこまで方針が決ったのか次の点を伺いたい。実験用原子炉をつくると決めた場合、燃料部分と、それを除いた炉の構造物と分けてこれを日本独力でつくるのか、燃料は輸入するのか、この点の政策はどう選択されたのですか。

駒形　大体自分の手でやってゆく方向でいろいろ基本的な調査を始めているといったほうがよいと

思います。

内田　材料部会では重水の製造研究を二つ並行に始める。どっちを選択するかということは、ある段階までいかなければ決まらない。その段階までゆけば大成功、そこからが本式のスタートです。ただし他のほうの進み方を見守っているということもある。日本で最良と思う方法でやっても、重水の国際的値段に比較して極端に不利である場合には、そこで考えるという態度で、私の部会では一応皆さんの了解を得ている。

武谷　原子力発電などは将来のエネルギー源として必要でしょうね。私は恐らく日本で一番最初にこのことを主張した人間だと思いますが、しかし原子力というものはそう簡単なものではないというのが私の意見です。

朝永　将来必要だということは、皆考えていることだと思うが、そのエネルギーが足りなくなるのは間近に迫っているという考え方をされる人と、それほどでもないと考える人とある。急いでやらなければ食えなくなるなら早くやれということも根拠がある。そうでもなければ間違いがないところでやる、その辺の観測がプランを立てるのに根本的なことだと思うのですが、われわれ物理屋だけでは判断がつかない。これは社会科学の問題と思いますが。

有沢　昭和四十年〔一九六五〕頃には、石炭、水力、石油も、その当時の利用し得る外貨をある程度利用し、輸入できる分量を換算して考えてみますと、日本のエネルギーはかなり窮屈になる。原子力は一つはコストの問題如何ということになるわけで、その時分にあるいは原子力で発電ができるかもしれぬけれども、値段が相当高いことになるとあまり意義がないですね。値段の中に入るのですが、原子力発電のために非常に厖大なイニシアル・キャピタル〔初期資本〕がいるということになると、また一つ問題だと思います。われわれからはこう考えることができると思います。

原子力がつくられると、たいへんエネルギー源として安く供給ができる、日本の産業に画期的なコストの切下げが行われるといろいろな本に書いてある。そういう非常に安いエネルギー源を日本が皆さんのような優秀な科学者の力で、他の国より早く解決することができる確信・自信があるならば——ほかに考えなければならぬ問題もありますが——、エネルギーの面からいって相当集中的に考えて、なるべく早い時期に発電できるようにやったらよいと私は考えます。しかし技術水準とか、資源とか、いろいろ総合的に判断して、なかなかそうはいかないというお考えでしたら、慎重に進まれたらよいと思います。いまの日本のほかの諸技術が高まらなければ原子力もできはせぬだろうということではありませんか。

駒形　水素の液化のような問題にしても、低温の材料とか、低温における機械技術が相当進まなければできませんし、他の技術の分野でやったことによって益することが多いと思います。また、自動制御の技術が非常に上れば、生産機械技術が興るという関係があるのです。

武谷　原子力で技術が上るかということならば、当然のことだと思います。多かれ少なかれ上るという意味ならば、これは何も言わぬにひとしい、つまり一定の比較がなければ意味がないでしょう。たとえばテレビジョンの技術をやったほうが、どういう面でどれだけ上るかということを比較しないと、今のようなことは言われない。

駒形　私が申しましたのは、ほかの技術が上らなければ原子力の技術はなかなか上らないだろうということを申し上げたわけです。

富山　もう少し手を拡げて、いまの日本の技術の各方面について原子力の研究に伴って組織的な何かのプランをつくっていく、という必要は起こっていませんか。

駒形　原子力だけやればよいということは全然ないのです。ほかのところもやはりやらなければならない。

有沢　原子力をやると技術が画期的に飛躍的に上るということはないのですか。

内田　技術を飛躍的に上げる手段として原子力をやるのだということはおかしいのだね。

有沢　科学的に研究問題として見たらどうですか。

朝永　正直に申しますと、純粋物理学としてはあまり興味がない。ただ中性子が非常にたくさん得られるという点で、ある程度興味はありますが、純粋の物理学という立場からは興味はもっと先端のほうに移っているのです。

武谷　もう一つはやはりどういうことが新しく技術に組み入れられないとも限りませんから、そういうふうに視野を広げるならば興味があります。何かああいう方法でない方法が見つからぬとは誰も保証できない。

朝永　おそらくエンジニアの方にとっては、原子力が先端でしょうから、非常に興味をもっておられる。

内田　液体の中にある少量の物質を濃縮して取り出すことは化学工業ではたくさんあることです。早い話が海水の中にほんのわずか、一トン中に六〇グラムほどある臭素を直接取り出す方法が一番安い臭素の製造法になっている。こんな例が化学工業の技術としては興味がある。今度の場合は特にそれが非常に低温であることと結びついて、どう処理するかに興味がある。非常に安くいく方法を見つけることができるかどうか。あるいは技術的に非常な困難に逢着するかどうか、若干の不安がまだありますね。材料の問題などでもいろいろある。熱伝導率の非常に低い金属で、しかも低温で強度が十分使うに足るもので、加工にそれほど困難のない材料がないかとか。

富山　あちこちの会社が手を出そうとしているということは、われわれ心配なんですが……。

内田　それが私もわからない。重水が非常に売れるとか、あるいは相当の価格で政府が買上げてくれるならばわかるが、そうでないのに会社が一生懸命になるということはね。ただ、将来エネルギー源として大きな問題になるだろうということを前提として、この問題に何かひっかかりを求めて最後のところまで進みたい、またエンジニアにこの方面の興味を維持させる手段に使うというなら、話が若干わかる。会社というのは、はっきりしたことがわからないでも、見込だけでやらぬとも限らない。

武谷　重水以上に、ある会社などはまごまごしているなら自分で外国からパイル〔原子炉〕を買い込んでやるぞというような意気込みだと聞くのですが……。

内田　それほど強力な会社はない。

駒形　私どももその噂は耳にするのですが……。

武谷　原子力ほどになると一会社でやろうとすれば、よほど乾坤一擲しなければ手が出ないでしょうに、それを何か一生懸命やろうというのは政府の融資を当てにしているのでしょうか。

朝永　ひとにつばきをつけられては困るから急いでつばきをつけておくのだね。

内田　大きな会社ならば、将来発達するかもしれないという問題に対して、若干そういう感じがあってもよい。

有沢　原子爆弾をつくるならそろばんを超越したことでしょうが、いわゆる平和的利用となると、そろばんをはじかないと成り立たない。最初のうちは多少政府が補助金を出して援助することはあり得るが、新しいという以外は、助成の問題は石炭・石油などと一視同仁で別にどうということはないと僕は思う。原子力で発電されても最初はいまの水力よりもっと高いコストだろうと言われている。そうだとすると金もない日本がいろいろ疑問をもちながらそうあせってやる必要はないとも考えます。

駒形　私ども、やはり自分で原子力の技術を確立するためには、ある程度苦労してやるほうがよいと考えております。すぽんと向うから技術だけ輸入し、人も向うから来て原子炉をつくる、あるいは材料を皆持ってきて日本で発電さすというのでは、ただそれだけのことになってしまうのじゃないか。しかし昨今の事情ですと、かなりそういうことが実現されるのではないかと感ぜられます。現にあの予算はしばらくそのままにしておく、もうちょっと待っていればプール案[2]等が具体化してくるからそのほうが金が掛らないでよいのじゃないかという議論が、政府部内でも産業界の中でも相当にある。

アメリカ原子力法の改正

田中　今年になってアメリカでは原子力法の大改訂をみました。第八十三議会で改正された原子力法には、アメリカ国内の問題としてはいままでよりは民間により大きな自由を与える（これには原子炉も包含されると思います）道ができたわけです。しかしわれわれにとってはむしろ国際的な協力という面でどういう規定が新しく法文に入ったかが、検討すべき主眼点になると思う。

まずアメリカが原子力について諸外国と協力関係に立つ場合にどういう種類と範囲の禁止情報を提供するのかというと、これは第一四四条により次のように規定されております。平和的利用の面と、軍事的利用の面と大きく二つに分けて、まず平和的利用の面から言いますと、⑴鉱石から原子核燃料にするまでの工程、⑵原子炉、⑶原子核燃料の生産、⑷衛生安全、⑸原子力の産業的利用、⑹上記の諸項目に関する研究、となっております。軍事的利用の面では、⑴防衛計画の作成に必要な情報、⑵原子兵器の使用ならびに原子兵器防禦のための兵員訓練に必要な情報、⑶潜在敵国の原

（2）**プール案**　アイゼンハワー米大統領は一九五三年のいわゆるAtoms for Peace声明とともに、原子力平和利用のための国際管理機関と核分裂物質の国際プールを提案した。国際プールとは、関係各国が国連の下に設置する国際原子力機関にウランその他の核分裂性物質を供出し、この機関が核分裂性物質を保管・貯蔵・保護し、平和利用に役立つよう各国に割り当てるという仕組み。

子兵器能力の評価に必要な情報、であります。しかしいかなる場合にも、原子兵器の設計製作に関する秘密情報は提供しないことになっています。その大きさ・重量・外形・効果・投下方法などもっぱら external characteristics〔外部的な特性〕を知らせ得るだけで、それも design and fabrication〔設計と製法〕を推知せしめるようなものであってはならない。

次に、協力関係に立った諸外国に提供し得る原料資材の範囲はどうかと言いますと、⑴第五四条により原子核燃料、⑵第六四条により鉱石、⑶第八二条により原子炉からの副産物（主として放射性同位元素）、⑷第一〇四条により医療ならびに研究の諸施設（小型の原子炉などもふくまれる）が規定してあります。

以上のうち、平和的利用の協力は原子力委員会が個々の諸外国と、軍事的利用の面は国防省が個々の諸外国または地域防衛組織（たとえばＮＡＴＯ）と agreement〔協定〕を結ぶわけです。これらを‘agreement for cooperation’〔協力協定〕と定義します。

このような原子力に関する協力協定には、厳重な条件があることはもちろんで、これを規定したのが第一二三条‘Cooperation with Other Nations’〔他国との協力〕であります。協力協定にどういうことが明記されなければならぬかといいますと、これは大切ですから正文をそのまま申上げます。

(1) The terms, conditions, durations, nature and scope of the cooperation.

(2) A guaranty by the cooperating party that security safeguards and standards as set forth in the agreement

for cooperation will be maintained.

(3) A guaranty by the cooperating party that any material to be transferred pursuant to such agreement will not be used for atomic weapons, or for research on or development of atomic weapons, or for any other military purpose.

(4) A guaranty by the cooperating party that any material or any Restricted Data to be transferred pursuant to the agreement for cooperation wll not be transferred to unauthorized persons or beyond the jurisdiction of the cooperating party, except as specified in the agreement for cooperation.[3]

軍事的情報には機密はつきものですが、平和的利用についても、たとえば⑵によって、機密保持のアメリカ的標準が相手国にもちこまれる恐れがある。また⑶は軍事目的への転用防止の保証を要求するもので、そのこと自体は当然なのですが、それによってアメリカの要求するcontrol system〔管理形態〕が相手国にもちこまれることになりましょう。アメリカの出方は、個々の相手国によって多少違

（3）和訳すると以下のようになる。⑴協力の項目、条件、継続期間、その性質と範囲。⑵協力協定の規定する安全保障の手段と水準を維持する旨の、協力当事国による保証。⑶この協定に準拠して移譲される如何なる物質も原子兵器に、あるいは原子兵器の開発に、あるいは他の如何なる軍事目的にも使用しない旨の協力当事国による保証。⑷この協力協定に準拠して移譲される如何なる物質あるいは機密データも、協力協定に特記されない限り、認可されていない人物に、あるいは協力当事国の法域外に移譲しない旨の、協力当事国による保証。

うかもしれないが、いずれにしてもこれらの点は最大の注意を要します。原子力の平和的利用が、自由な明るい空気の中で育つことを、さまたげるようなことになってはならないと思います。

それから、アイゼンハワー大統領の提唱した原子力国際プールと、この原子力法との関係ですが、第一二四条の International Atomic Pool〔核物質の国際的な備蓄《プール》〕がこれに関する唯一の規定です。これには "The President is authorized to enter into an international arrangement with a group of nations providing for international cooperation in the nonmilitary applications of atomic energy..."〔大統領は、原子力の非軍事的利用における国際協力のため一群の国家と国際的取り決めをすることができる〕とあって、一見、大統領が一群の国家と取り決めができるように思われますが、原子力法第一一条の下した用語定義によりますと、international arrangement〔国際的な取り決め〕の中には agreement for cooperation〔協力協定〕は含まれないことになっており、しかも前述の原子力プールに関する第一二四条の international arrangement も、cooperation〔協力〕に関する限り、第一二三条の規定に従うことを要することが第一二四条の但書についていますので、アメリカは平和的利用の cooperation については、個々の国と agreement を締結せねばならぬのです。ただ軍事的利用の cooperation については、地域防衛組織との取り決めが可能であります。このようにみると、実質的には、第一二四条の原子力プール規定は骨抜きされているわけで、アメリカ議会は、大統領が a group of nations と実質的な約束をむすぶことに反対しているのです。外国との原子力協定は、必ず個々の国との agreement for cooperation によらねばならず、恐らくその agreement は、双務協定的な性質をもったものになると思われます。

原子力法改正の背景として考えられるのは、一つは経済的な理由で、今日アメリカでは核分裂性物質の生産が非常に増えているから、原則的には経済学でいう効用逓減の原則が働くわけです。これを免れるためには大きな爆弾ばかりつくってもしょうがないから、いろんな種類の戦術原子兵器をつくって効用逓減を避けるということが考えられる。もう一つはなおかつ余ってくるから、なんとかして国際的な市場をつくって売らなくてはならなくなる。売るといっても上述の如く外国ときっちりした協力関係を築いた上で売り、同時に後進国に原子力発電などを起こさせて、そこの経済力を培えば、またそれは自分たちの陣営全体としての力となる。アメリカでは「こちらがやらなければソヴェトのほうはソヴェト圏の中で漸次原子力発電を伸ばしていくだろう。これに対応しなくてはならぬ」ということを言っている。

いまアメリカがプールのことを話し合っている国々は、イギリス・カナダ・南アフリカ連邦・オーストラリア・フランスで皆ウランをもっている国です。

武谷　ベルギーなどははじめからウランを提供していたのに、やっとこの頃、何かアメリカから原子力を与えられそうですね。先頃アメリカの原子力委員会の委員が、広島・長崎を忘れてもらうために、最初の動力パイル〔発電用原子炉〕を「日本に築造させる」と言ったのを喜んでいる人があるが、向こうの好意というのはなかなかあてにできないですね。

田中　その声明は、ワシントンの日本大使館も「あんなこと言っても、日本人はいまそれどころではありませんよ」といったらしいです。

武谷　去年アイゼンハワーが提唱したプール案に大体沿っているという国務省の「諸外国における原子力の経済的意義」という調査報告書が今年一月に出ております（五月に公表された）。それに、一番原子力発電の投資が有望な場所として日本が見込まれている。こういうときに、新しい原子力法では相当明瞭にヒモをつけられるということを公言しているということですね。

内田　ただ日本で原子力を考えてみて、燃料（ウラン）を各国と独立に日本がもっているかどうか、またそれで発生した電力の値段が各国と競争できるだけのプランをもっているかどうか、日本にないものだという状態と、そういうものをもっている状態と、まるで違うと思う。ないにもかかわらず強いてもとうとすればヒモをつけられるのは当然だと思います。いくら基本的勉強をしてみても、最後の段階には同じことになってしまうのじゃないか。

朝永　ウランが日本になくて、ヒモがついても貰ってこなければ日本人は皆飢え死にしてしまう事態とすれば、大いに考えなければならないのですが、果してそういう事態であるのかどうか、社会科学のかたに教えていただきたい。

有沢　それほどじゃないでしょう。石炭利用法にも改善の余地がたくさんあります。低品位炭のガス化とか。

田中　原子力発電さえすれば日本が救われるという妄想を抱く人が多いが、内容がわかればわかるほど、そうは思えなくなるし、日本経済の将来の自立を考えれば考えるほど、最初から原子力に大金を投ずるよりほかにもっとすることがあるという問題が出てくる。科学雑誌ももう少し日本自立という、非常に大きな問題に時々取り組まれたほうがよい。

日本のエネルギー政策は、電気関係は公益事業ですから電気事業法でいろいろ報告義務があって、とにかくわれわれが検討する材料もあるし、出してくれる。一番困ったのが石炭で、実にほんとうのことがわからない。個人的な私の意見では、ぎりぎりのところまできた日本経済をこれから打開するには、なんらかの国家権力によって石炭業というものをほんとうに底の底まで調べあげることができないと駄目ではないかと思う。有沢先生の言われた低品位炭は、日本には非常に多いのだがいまは捨てている。いままで外地で支配していたものを失って日本の弱味はまず、我慢することのできない食糧の面で現れてきた。これがいま貿易の帳尻で騒がれていることです。次にいま石炭が余っているなどと言っていますが、近い将来必ずエネルギー資源輸入国となる。それは大変なことですよ。いま余ったりしているのは雇用水準と消費水準をおとしているからで、この両水準をある高さに維持するとなると、将来の人口増加を見込めばそういうことになる。

駒形　一番の問題はウランでしょうね。私ははじめから全然ないと決めてしまうわけにはいかないと思う。品位は恐らくよくない、量も多くないから、経済的に採れるかどうかですね。

内田　若干年数やってみて、日本では途方もなく高いものにしかならぬと結論がでたら、いま熱心な会社も考えるだろうね。

武谷　技術を一応習得した人ができた場合には、ヒモはついていても値段が安ければ入れようと転換することが多いだろうと思いますね。

内田　ヒモが細いか太いか、バランスにかけなければわからぬ。ぼくはアメリカにしてもソヴェトにしても、いまの世界をうまくやっていくためには、なるべく太いヒモをつけるべきじゃないと思います。各国ともだんだん生活水準が上っていくように大国が協力していくという態度であればと望むわけです。

武谷　ウランはだんだんヒモがとれて、二十年くらいすれば割合ヒモなしで入る段階に立ち至るのじゃないかという見通しもあろうと思います。そうならばあせらないことも大切だ。ヒモつきで日本で数年早くやってもあまり発展しないのじゃないかという気もするがどうでしょう。

駒形　世界情勢は、原子力に限ってもいま非常に急テンポで動いておりますからね。いま軌道に乗せておかないと、端的にいえば、かえって逆のことになるのじゃないかと心配している。

これからの進み方

内田　ニュークレア・エンジニアリング〔原子力工学〕というものは、かなりの部分のものが既製品だから、日本でも若干足りない面を補充すればそう困難なしに追いつける、ところがそれにはチャンスが必要だ、今度の事はその一つのチャンスだと考えているエンジニアがかなりいると思う。

武谷　ただ向こうの報告を読みますと、安直のようにみえて、物理学者には、存外シヴィアな要求が含まれているところがあちこちに読みとれる。始めてみればやはりこうした壁に頭打ちすることと思います。衆知を集めることが必要だと思います。

駒形　私もそう思っております。原子力は、ある人はエンジニアの問題なんだということをよくいわれます。アメリカではそうでしょうが、まず実験用原子炉をやろうという段階では、基礎の人が一緒になってやらなければいかんですよ。そしてアメリカがここまで十年くらいで来ているならば、それを縮めてアメリカのいうエンジニアの状態にするよう努力したらよいと思います。

武谷　物理学者は現在一番原子力を知っていますからうるさいことを言うと思います。外国の同僚がいろいろタッチしているのも見てきたから、それに対して、物理学者が何をうるさいことを言う、やればすぐできるじゃないかという人は比較的原子力を御存知ないのじゃないか。

内田　確かにおっしゃる通りだと思う。エンジニアは昔から「盲、蛇に怖じず」でいろいろの問題が解けていないにもかかわらずやみくもにやってみるというくせがある。失敗したり、苦い経験をなめてだんだん固まってきている。ただし近代の技術は若干違ってきておりますがね。

武谷　物理学者は慎重なばかりでない。サイクロトロンを創る時に必要なこういうものをつくってくれと頼むと、たやすくできぬと技術者がおっしゃったが、強引につくってもらったら、できた。

内田　そういうこともあるけれども、やみくもにやるということは日本の技術者は少ないと思います。

武谷　もう一つ、原子炉の技術は失敗はできない技術だという面もあります。

朝永　炉をつくって失敗したら、致命的だと思います。この点からも非常に慎重にいかなくてはならない。技術だけの問題でなく、現に田無町に予定された原子核研究所でも、町の人が設置に反対しております。そういう点からみまして、研究ということはよほど筋道を立てて誤った方向にいかないようにしないと思わぬところで障害がでてくると思います。我妻先生が、「国民の間にはいろいろの考えの人がある。なんでもかんでも原子力をやれという人もいるし、なんでもかんでも原子力反対という人もいる。全然無関心の人もいる。そういう人々が安心できるようにはじめから方針をはっきりさせろ」と言われたが、確かにそういう土台をちゃんとしていかないと、とんでもないことになると思います。

田中 炉の設計を検討されている折に、日本は地震国だということをどこまで考えておるのですか。アメリカでは炉は主に地震のない東部・中部にありますね。

武谷 「それはお手のものだ、耐震構造は長年研究している」ということで十分でしょうか。

田中 壁はただコンクリートの塊でちゃんとしたものでしょうが、炉の中は大変デリケートなものだから、その耐震構造をどうするのか素人には気になりますよ。

朝永 この問題は、私も参議院に呼ばれた折に指摘したことがある。なんとか解決策がみつかるとは思うが、大切なことです。

武谷 放射線障害の医学には、日本ではほとんどの初期の原子力予算をこれにまわしてもよいくらいです。外国では原子力技術は進んでいるが、将来原子力は必ずこの問題にぶつかる。外国ではそう厖大、かつ徹底的にやっているとも思えない。ほかの点ではいま外国に劣っているが、日本でかなり予算を出してやれば、進みうるし、世界的に貢献できる可能性があると思います。国民もそういう保障があれば割合に原子力に突き進むんじゃないか。

駒形　危険防止は非常に重要だと思います。現に厚生省その他で相当やっておられますね。一番初めに打合会でこの問題がでましたが、あまり大規模で、そこまでこの予算の中ではできないから、一応原子力を中心にしてそれに対する危険防止ということから入っていく、そして別に放射線医学一般のことについてやられるのと関連をつけていくべきじゃないかと考えた。

内田　ぼくは若干違った見方をもっている。武器としての原子力という立場からみても、放射線の人体に対する災害を除去し、無害のものにする研究は非常に重大なものである。それだからぼくはその研究は〔諸外国でも〕相当やっているんじゃないかと考える。アメリカでは相当蓄積をもっているんじゃないかという気もするが、そうじゃないですか。

武谷　いろいろ発表はしております。ただ第五福竜丸事件の経緯で、直感でそんなに大きいものじゃないと思います。秘密にしても大体の程度はわかるものです。

駒形　原子力のほうからは、まず測定から入っていくというのが藤岡さんたちの方針です。そして放射性物質の処理について新しい研究者のグループをつくりたいと思う。

朝永　廃棄物の処理というケミカルなことも大事だと思います。いろいろこういう点を考えると、あくまで慎重にやるべきだと思うのだが、急いでやるべきだと考える人からは世界中の国がどんどんやっているのに日本だけが、また特に原子物理の人が、慎重慎重と言っているが、それでよいのかと言われるのです。それにどう答えるかについて、どなたか言って下さい。

内田　ぼくらの材料部分はそういう問題に関しては無神経である。とにかく当面の問題としては重水をできるだけ安くつくるという問題に限られてしまった。それを専心工夫してみようという立場なんです。

有沢　経済の面では、エネルギーの問題でももっとやるべきことがほかにもたくさんある。しかし原子力が新しいエネルギー源だということが、経済的にいうと、一番将来性のある問題だと考えられますので、これから研究されていくことは結構なことじゃないかと思うのです。しかし原子力には人造繊維をつくった場合とはまったく違った性質の政治問題がつきまとっています。また放射能とかその他の害の問題もありますから、やはり武谷さんの言われたように、全部の問題について徐々に慎重に進んでいくということしかないのじゃないでしょうか。

駒形　今度の予算では慎重にやっている。このくらい慎重にやっているのは、私の関係しているものでは他にないのです。

朝永　必要な問題なら考えて早くやったほうがよいが、なんとなく必要じゃないかと考えている人たちの後ろに、エネルギーが十年も経つと日本では非常に苦しくなってくるという考えがあるわけです。その点はコストの問題と睨み合わせて考えるべきだという有沢先生のお話だったが、日本だけ遅れるのはまずいという気持が一種の強迫観念として働いているのじゃないかと思うのです。

武谷　例えば、秘密がないということ、各国の学者も自由に協力してやる、国内の学者も自由に協力してやる、ノルウェーは現在そういう方式をとっております。そういう方式が確立すれば早くやるに越したことはない。ノルウェーがどうして大国と競争できるかというと、秘密がないからである、世界中の学者の協力を得ているからだということをラナース(4)が書いている。日本でもこの点を物理学者は主張している。物理学者は早くやりたいが、早くやるためにはどうすればよいかという点で、一見観念的にみえる三原則(5)、ノルウェーのような形を物理学者は出した。これが一番早く日本で原子力を実現する道だと思います。

内田　たとえば、やめたアメリカの原子力委員会の初代の長官リリエンソールの意見としては、おっしゃる通り、秘密をもたしてはいけない、あらゆる知見、経験はみな公開して、だれでもこれに関するどんなことをやってもよいのだ、そうすることが少なくとも原子力に関する研究を発展させるには何よりも大切なことだというのです。よく調べてみると、実は技術的にみても非常に危険なことだということを、ほかに知らさずに少数の人間がでっち上げることは困る。こういう方針でやっているというように、誰の批判にも曝すということが必要だということなんでしょう。

駒形　原子力に限らず、学術というものは、そういうことでなければ進歩はないと思いますね。

朝永　原子力の研究をほかの研究と同じように明るく自由にやるべきだということなんです。

(4) ラナース　Gunnar Randers, シェラーのノルウェー・オランダ合同原子力研究所所長。

(5) 三原則　一九五四年四月総会で日本学術会議が声明として出した、民主・自主・公開の「原子力三原則」。一五三頁の注8参照。

武谷　田中さんの話でも、日本でやる場合、兵器の線はあり得ないと思います。採算に合うことならば商業的秘密はあり得るが、政府の金でやるわけですから当然採算は考えられない。商業的秘密ということは、アメリカでも原子力に限り特別の措置を講じておりますが、日本でも特別の措置を講じてもよいと思います。

富山　リリエンソールがTVA[6]〔の著作〕の中で強調している面がある。この仕事が成功したのは、従来の場合とまったく違った考えで技術者が協力したことが一番大きな理由だ。電力は新しい問題でもないでしょうが、従来の企業という考えからまったく離れて、沿岸の住民の幸福と直接結びつくという考えで進めた。原子力の問題もそこまでいくべきじゃないか。

有沢　それはそうだ。

武谷　トルーマンと衝突してやめたが、リリエンソールを支持したいと思う。日本は武器の問題がないのだから。

駒形　例えば重水をつくる低温分溜器は、原子力に関連した研究といっても、一面他の用途から商業的にある程度考えてやらねばならぬこともありましょう。

武谷　少なくとも政府の補助金、原子力の予算が支配している研究ならば、やはり特別の措置で秘密にしないということに持っていかなければならぬと思います。会社が自前でやるならば勝手ですが……。

内田　政府が全額出すのだから、曝け出すのが建前です。重水の話にしても、重水ができるのを待ちかまえてどえらい値段で買う者が沢山いるという段階ではないから、会社が本式に自分の金でやるようなことがあるかどうか、非常に疑問です。

武谷　そうしていけば健全ですね。かえって早い発達が得られるかもしれない。少なくとも初期の段階はそういかなければならぬというのが、われわれ物理学の連中の出した原則の根本的な考え方なんです。

朝永　物理学者はどういう態度をとっているかということを申し上げます。打合会の構造部会でいくつかテーマを取り上げまして、それに参加し協力する人を求めたわけです。それに対して、原子核物理学者はそう安易に協力はできないというのです。物理学者たちは原子力の問題についてある注文をつけた。今度の予算には平和的利用という点は初めから謳われております。それはよいとして、物理屋はそのほかに秘密がないという点や、日本で自主的にやるのだということをぜひ必要と考えているのです。ところが現状において国がその方針でいるのかどうかはっきりしていない。そういう状態でこれに参加するのは心配であるという空気です。現状はそういうことです。多くの若い連中も、「自分は参加したい。しかしいまのままでは不安である」というのです。

駒形　準備調査会の総合部会の最近の申合せがありましたね。あれからあとの現状はどういうこと

(6) TVA　テネシー河流域開発公社。ルーズヴェルトのニューディール政策によって設立された米政府機関。デイヴィッド・リリエンソールはこの公社の理事長として事業を完成した実績をふまえて、原子力委員会の委員長に任命された。『TVA——民主主義は進展する』(和田小六訳、岩波書店、一九四九)の著がある。

ですか。

朝永　あれからあとがまだそういう状態です。学術会議の声明〔原子力三原則〕がほんとうに実現できるかどうかということは、ちゃんと法律・体制ができた上でなければわからん。できた上でもまだ怪しいといえる。こういうことは永久に努力を続けなければいけない。だから、すっかり安心のできる状態を望むことの無理なことはわかっている。しかしいまの状態では、果してそういう線にいけるものなのか、それとも全然だめなのか、国の方針がわかっていない。準備調査会の第一回の総合部会に、そういう研究者としての希望を藤岡さんが言われ、我妻〔栄〕さんがさらに敷衍されまして、根本方針を示すべきだと言われました。そこで第二回のこの間の総合部会で、これからの方針について申合せをしたわけです。その申合せについて今日学術会議の原子力問題委員会があったわけです。その会ではあの申合せでは非常に生ぬるいという意見がありました。あの程度のことでやむを得ないのでしょうが、実際申合せの文章は生ぬるい。たとえば、「平和的利用に関しては可及的に公開するように努めること」、「可及的」とはなんだとか、「努める」とはどういうことかと、大分文句が出ました。「可及的」というのは、商業上の特許の問題等がある。はじめから全部公開すると決めてしまうわけにはいかないという意味であるという説明がありました。

内田　特許になると詳細なる説明は文面に出さなければならぬ。公開するが、利益は他人に侵害されない。

朝永　それからもう一つ外国の特許の場合も、ある国の秘密特許を使わなければならぬということが起こる場合に、それを使ってやったことを発表するわけにはいかないという考えもあるようです。

武谷　外国に秘密のものを学ばなければならないとはわれわれ物理学者は考えていない。

朝永　一番はなはだしかったのは、三番目です。「努めて自主性を損わないようにすること」。総合部会の時に我妻さんは、「努めて」はいらんと言われた。自主性を損わないということは絶対的なもので、「努めて」などはけしからぬという意見なんです。しかしこれは、技術という点だけを頭においているならば、いままで自主的な技術などというものはほとんどなかったという議論も出ました。しかし先ほどから伺いまして、駒形先生も、内田先生もあそこの総合部会におられるのですが、秘密公開という点では私どもの考え方と同じような御意見なので安心しました。とにかく学術会議の原子力問題委員会でいろいろ議論した結果はまとめて藤岡委員長が発表するのですが、いままでの報告に対して原子力問題委員会の判断では、「準備調査会は学術会議声明の線に沿って進むものと期待する」という程度です。「なお一層の努力をせよ」です（笑）。それからもう一つ、予算打合会のほうに対しての学術会議の判断として「本年度予算配分方針は、原子力調査研究の基礎的な範囲内にある。その観点から大体妥当と考える。ただし次の点に注意することが必要である。一、今年度に使用し切れないような金額になっているが、その点をよく考えてむだのないようにするということ」。重水の例の蒸溜の問題[7]などが皆の頭に相当ある。「二、仕事の対象となる調査研究の実施者は、全国より最適任者を選ぶようによく考えること」。「三、放射能に対する医学・健康管理的の分野をもっと注意する必要がある」。それから最後に、「四、社会科学的方面の研究の促進もして欲しい」。つまり有沢先生の御注文の研究もしてもらいたい。

駒形　私も大体了といいたしました（笑）。私どももそのつもりで考えているのです。今度の予算はどうせ使い切れませんから、繰越にしてもらうように話をしている。それからいまの衛生、危害関係は早くそういうふうにしようというわけで、木村〔健二郎〕さんに主になってグループをつくるようにお願いをしてあります。最後に経済的云々のことは、一応準備調査会の総合部会で少し話をして問題をコンクリートにして〔固めて〕いただいて、それに対して予算を考えていくのがよいと思っております。

朝永　私、委員会を中途で出てきましたので、今日出ました意見は大略だけをお伝えします。

武谷　「申合せ」は二重に言って責任逃れをするという悪意が認められる（笑）。

朝永　ぼくもそういう点は認められますね。しかしこれは逆の方向に向いているということにはならない。だから沿うものと期待すると学術会議では考えたというところでしょう。今度十月二十日ごろ総会がありますから、そのときにさらに確定的に論議されることになると思います。いまの状態では期待しているのだということですね。私は学術会議の会員ではないが、その指示に従いこの線で一層努力していきたいと思います。駒形さんは学術会議の会員であるから間違いがないと思いますが、内田先生は会員でないので、ぜひお願いいたします。

有沢　原子力の調査会で調査したものはどうなさるのですか、どこかに報告を出すとか、あるいは……。

内田　準備調査会では大体大方針を決めているのでしょう。いまの調査資料といっても、そう発表するといったようなものではないでしょう。

朝永　準備調査会で技術以外のことを調査研究する問題が出てきますと、打合会の調査部会へ下ってくることもあり得るでしょう。

駒形　打合会は成果の主なものは印刷して発表するつもりでいます。

内田　発表するということは、いかなる質問を受けても納得するような説明を与えなければならぬということでしょうね。

武谷　質問されたときに、これは秘密であるというようには言わない。

朝永　会議公開の問題でも、だれでも傍聴させることが公開だと考える人もあり、また速記録とか審議録を発表するならば公開だと考える人もあるというように、解釈になるといろいろあるわけです。

駒形　金の配分に関する集まりは非公開でやるのが普通です。研究委員会のようなものはもちろん公開でよい。

有沢　原子力調査委員会できめたことは、政府の所存とは関係なく、〔政府は〕自主的にできるのです。

駒形　そこで決めたことは政府でやることになると思います。緒方〔竹虎〕さんが会の会長ですか

（7）**重水の例の蒸溜の問題**　重水と軽水を、これらの沸点の差を利用して分離する蒸留法の技術的な問題が大きかった。二〇四頁の駒形以下の発言にも関連。

ら、そっちで勝手に決めたということにはいかぬと思います。

内田　それと反対のことをやらざるを得ないような情勢というと、相当非常な事態だということを考えられるんじゃないでしょうか。

朝永　例えば新聞でみると、米価審議会というのは、必ずしも審議会の言う通りにならないと思いますね。

有沢　審議会の意見は聞くというだけですから、答申さえ出ればよいのです。それに従うか否かは政府の勝手なのです。

駒形　しかしどうなんでしょう。その通りやらなかったけれども、それに対して相当政府は考慮しているということになっているんじゃないでしょうか。

有沢　経済五ヵ年計画は、これを始めたときの内閣は違いますが、しかし吉田内閣になりましてからも、ずっとやってきた。いよいよできたときに、発表してはいかんと言われました。そういうこともあるのですよ。やはり法律になっていれば政府自身縛られますから発表せざるを得ないのです。政府自身があるときにはやるときめても、他の時期にはそれをいまはやってはいけないということはむろんあり得ることですね。

朝永　準備調査会は法的には〔権限が〕何もない、実質的の機関だというわけですから、無視しようと思えばいまの状態ではできるわけですね。

内田　せっかくきめたことだから、政府はある程度モーラルのオブリゲーション〔道義的な義務〕

は感じていると思います。

駒形　天下りにやることはできるものではないと思います。皆さんもおられるし、私どもも関係している。皆が努力することですね。

朝永　話は変わりますが、原子力の問題について日本は特にむつかしい国だという気がつくづくします。エネルギーが足りなくなるという形と、コストが安くなければいけないメドとが国によって違いますが、そういうことは日本には特にある。そういう点で日本では急がれる。ほかの平和利用にのりだしている国は急ぐにしても日本ほど焦眉の急ではないでしょう。ところが一方では日本の場合は世界を見渡して、ヒモをつけられるおそれが特にある。最も必要を感じる国ほど太いヒモがつく。

武谷　インドなどは原子力研究を始めたが石炭など開発していないのがたくさんありますからね。

朝永　ノルウェーではそう急いでやらなくてもよい。そういう国のほうが簡単に始められる。非常なジレンマだ。

武谷　日本でもノルウェーみたいな条件でやれるならば、すぐ始めてもよい。

有沢　日本にそういうジレンマ、矛盾が集中してきているのじゃないか。それで話がむずかしくなる。

朝永　私などは心配性で、どうなるだろうと思って暗くなる。

内田　金を持っているのは引っかかっても、しまったで済むけれども、一家心中でもしなければならぬというのはね。

朝永　ですからいろいろな方面のかたが衆知をあつめてよく考えなければならないということがいえると思いますね。

富山　皆さん一緒にお話しなさると、あまりけんかも出てこないけれども、積極的にこの問題をモデルにして、慎重なやり方をやってみるということですね。

内田　ぼくは終戦後ペニシリンをやったときのこと(8)を思い出すが、あのときは、かなり衆知を集めた。理想的にはゆかなかったけれども、それでもペニシリンは戦後やった仕事では、社会的意義からいってもかなり寄与したと思う。ペニシリンをやったものはあまりもうからないかもしれないけれども、国民は感謝しなければならぬ。原子炉も少なくともあれより慎重にやれば案外よいのじゃないかと思う。

編集部　今日は長い間ありがとうございました。

（一九五四年九月二十七日）

（8）**ペニシリンをやったときのこと**　戦中にもペニシリンの小規模な生産は行われたが、研究が本格化したのは一九四六年の秋、テキサス大学のフォスター博士によりアメリカでペニシリンの生産に用いられていた青黴がもたらされてからで、やがて米国とほぼ同じ価格で生産できる見通しがたった。

ペニシリンの生産工場からの技術開発の要求は多岐にわたっていた。ペニシリン学術協議会は生物学者・化学者・機械学者など全科学分野の研究者の協力によってそれらの問題の解決にあたった。大学の研究室も工場の日々の生産を上げるためにアカデミックな研究は放棄して生産の研究に没頭した。（梅沢浜夫「ペニシリン工業（I・II）」『自然』一九四八年一、二月号。仁科芳雄の科学研究所におけるペニシリン生産については『仁科芳雄往復書簡集　補巻』（中根良平ほか編、みすず書房、二〇一一）を参照。

座談　科学技術振興と科学の役割

中曽根康弘[1]　朝永振一郎
喜安　善市　野島　徳吉
福田　信之　玉虫　文一
富山小太郎

（『科学』一九五九年十二月号掲載）

編集部　科学・技術の振興ということは世界的に共通な大きな問題で、日本でも重要国策の一つとしてうたわれているようです。しかし科学者としては、政府のおやりになることには、希望とすれちがった面があるという感じもあるようです。これは立場の相違からくるものもありましょうが、やはりそれだけではなく、大げさにいうと科学者が政府のやり方を信用しない。一方政府のほうも科学者の行き方や在り方というものにかなり不満をもたれる面もあると思います。そういう面について、両方の側から腹蔵のないお話を願ったらどうか、多少なりともそういう面が打開されれば、日本にとっても貢献するところがあるのではないか。こういうことで本日はとくに中曽根長官に来ていただき、この問題について科学者の話を聞いていただくということにいたしました。はじめに朝永先生から、政治に対する希望や注文で口火を切っていただきます。

プロジェクトと基礎科学

朝永　科学者と政治家との間に、何か意思の疎通が十分でない、少し言葉が強すぎますが、お互いに信頼感がないと言われましたが、ふだん研究者が集まって、政治に対して不満が述べられるときにどういう話が出るかということを無遠慮にお話ししたいと思います。まず最近は非常に是正されたのですが、科学というものに対して政治家と限らず、一般が、その重要性を十分認識していないのではないかということが一つあります。私の先生の仁科〔芳雄〕さんも、理研で原子核物理の研究を始められたときに、金を集めるのに非常に苦労されたのを私はそばで見て覚えています。先生はいつも、どうも世間はこういう基礎的な科学に対して非常に冷淡だ、わかってくれないということで始終こぼしておられた。しかし、最近はかなり情勢が変わってきまして、一般の人々も政治をやられるかたも科学の重要性は昔とちがって感じておられるように見受けます。そういう点は非常にけっこうだと思うんですが、そのときにまた別の不満というのは、非常なトピックになったような事柄には関心がもたれるが、その基礎になっている地味な、目に見えないような研究に対して十分な理解があるのだろうかということです。例えば人工衛星あるいは月ロケットが上ると、世間では非常に騒ぎたてます。(2)

しかしそういうものができあがってくるまでに、どれだけの長い経過と、どれだけたくさんの人たちが目に見えないところで研究を積み重ねてきたか、そういう理解が政治家に限らず世間一般に果して十分なのかどうか、そういう心配をもっているわけです。例えば日本の大学などを見ると非常に貧しい状態で、これでよいのかと心配です。原子力の発明とか、月ロケットなどという事実に至るまでに、あらゆる分野の科学がからみ合って進歩している。いわば科学全体が一つの生きものであって、全体としてはじめて成り立つ。それが成長していくのには、それ自身の発育の段階があって、いくら飯をくわしても子供が急に大人にはならない。そういう点をもっと理解してもらう必要があるのではないか。科学者はそういうことを考えているわけなのです。

（1）**中曽根康弘**（一九一八―）政治家。改進党代議士だった一九五四年、日本初の原子力関連予算「原子力平和利用研究補助金」の成立を主導。正力松太郎とともに戦後日本の原子力政策を強力に推し進めた。五九年には科学技術庁長官として当時の岸信介内閣に入閣、原子力委員会委員長に就任。
喜安善市（一九一五―二〇〇六）電電公社電気通信研究所所属の電気工学者（当時）。専門は電気通信技術、情報理論。日本の電子計算機研究および産業のパイオニア、牽引者として知られる。
野島徳吉（一九一六―一九八六）東大伝染病研究所助教授（当時）。専門は免疫学、ウイルス学。のち、京大ウイルス研究所教授。
福田信之（一九二一―一九九四）東京教育大（当時）。専門は理論物理学。一九五八年、同大学教授。のち、筑波大学教授。筑波大学第三代学長。
玉虫文一（一八九八―一九八二）理化学研究所、武蔵（旧制）高等学校（根津化学研究所）を経て、五九年当時は東京大学教授。専門は物理化学。
富山小太郎については一四三頁の注1を参照。

喜安　私は技術者で、基礎と応用の両面に接触している。朝永さんの言われることはすべて同感ですが、技術者の立場から多少違った感じももつわけです。政治家の中には技術者を信用してはいかんということを言っている人がいます。技術者は世間が小さい、視野が狭い、技術者を信用したら経営はできないということを本に書いている人もいる。ある面において技術者とか科学者には、指摘されたような面があることも事実でしょうが、その他のもっと大切な面もあるわけで、私に言わせれば、人を生かす法を知らないのだと言いたい。

中曽根　いま朝永先生が言われた科学・技術に対する認識不足という問題は歴然たるものだろうと私も思います。自民党、社会党を問わず、政治を施すものがコペルニクス的転回をしなければ、日本の科学・技術は進まない。それをたぐっていくと、社会機構そのほか政治制度にまでふれていくでしょう。それくらいのところまで進まなければ、なかなかわれわれが夢に見ているような体制はできないように私は思います。また現代はそれくらい大きな時代だろうと思うのです。二十世紀後半の今日は、科学・技術の波が地球を襲っている時代だろう。そういう認識からすると、アメリカやソ連はそれをある程度自覚し、政治の認識も進んでいます。しかし、日本、フランス、イギリス、イタリアというような国はそこまで認識が追いついていないという問題があると思う。しかしこのことは別の機会にゆずります。

そこでいま朝永先生の言われた、基礎研究が非常に大切だということは、もちろんそうだと思います。しかし人工衛星とか月ロケットとかいう、トピック的な取り上げ方というものが不要であるかというと、私はそうではないと思う。一体、基礎研究と応用研究とどこに差があるのか。私はまったく独創的な、開拓的分野に歩を進めていく研究が基礎研究だろうと思うのです。それには理論的な線もあるだろうし、あるいはエンジニアの線もあるだろう。そういう考え方で見ると、いわゆる応用研究というものの中にも基礎研究がうんと含まれている。たとえばロケットを上げるにしても、燃料の問題がすぐ出てくる。燃料の効率のよいものを見つけるためには基礎研究に入るということになるでしょう。基礎的な要素と応用的な要素が現象の中に複雑に入りこんでいるだろうと思うのです。問題は、例えば月ロケットとか、宇宙開発とかいうトピックスをとらえることがいいことか悪いことかという点だと思うのですが、私はいいことだと思う。なぜならば、そういう種類の問題は、非常に着手が遅れているか、あるいは将来の重要性からみて開発が不十分であるとか、そういう面が非常に多いと思うのです。たとえばロケットを上げるにしても、天文学とか地球物理とか電離層の研究などを見れば、乗鞍(3)の上で一生懸命観測してみても、百キロとか二百キロのロケットを上げられればそのデータにかなわない。こういうロケットができないということは、日本の学問が遅れているということになると

(2) **世間では非常に騒ぎ立てます**　米ソのいわゆる宇宙開発競争はこの座談に二年先立つ一九五七年、ソ連の人工衛星スプートニク1、2号の打ち上げによる「スプートニク・ショック」にはじまり、翌一九五八年のNASA設立に続くこの年も熾烈さを増していた。

(3) **乗鞍**　乗鞍宇宙線観測所のこと。朝日科学奨励金を得て一九五〇年に乗鞍岳につくられた七坪の宇宙線観測所を起点に、一九五二年に原子核特別委員会（核特委）がこの観測所を共同利用施設として企画し、核特委から朝永、菊池正士、皆川理らが代表で当時の文部省に要望を伝え、一九五三年に東大附置として設立された。

思うのです。そういうロケットをつくるということは日本の科学の進歩にとって非常に大事な、人類の恩恵にも近い問題で、トピックスだからいけないという考え方はとらないのです。大体トピックスを排撃する考えの根底には自分の学問が侵食される、研究費が圧迫されるという潜在的な恐怖感がある。それと、トピックスをつかまえる重要性とは別問題だ。重要なら重要だと言ってもらいたい。

だといって、アメリカからオモチャをもらってきて上げて喜ぶ気持はわれわれにもない。根底にあるのは国産の技術や国産の理論をつくり上げることで、そのためには広大な領域の研究が必要だということはわかる。しかしあらゆるものに平等にゆきわたることもいいけれども、政治の世界から、重要性や新しい学問の傾向を見て、どこかに山をつくらねばならないということが出てくる。これは大きい意味における研究の方向づけという点からみて正当性があると思う。

プロジェクトの選定と実施をめぐって

富山　トピックス的なものの重要さはたしかにあり、そういうものによる方向づけ、ほかの分野に対する発展性、そういうものの意味はもちろん大きい。だからこそそれでは何を伸ばすか、その影響の仕方については十分考えなければならない。その場合大切なのは、科学・技術それ自体のもっている、先ほど朝永さんのいわれたそれらの発展の段階というものとマッチさせないと、せっかくの中曽根さんの雄弁も生きてくるかどうか疑問だ。科学者の心配するのはそこではないかと思うのですが。

喜安　トピックというかプロジェクトというか、ある特定の課題を選ぶことは必要です。趣旨はだれでも賛成なのですが、ただその選び方が問題だというのです。トピック研究を選べば一般の研究が最低生活を割るということが、恐怖感だけではなく現実にあらわれてくる。金だけの問題ではなく、金よりもむしろ要員の問題のほうが大切なので、日本が現在かかえている研究要員の数とテーマとが、どうも実状とくいちがったように計画を立てられるために問題を起こしているというのが私の感じです。

中曽根　ＩＧＹ(4)とか南極観測をやっていますね。あれは考えようによっては迂遠なことで、国威宣揚的な要素がかなりあると思う。学術会議がやれという勧告を出して取り上げたわけで、あれも非常に有益であったし、成果もあったと思いますけれども、ＩＧＹで南極にあれだけ金をかけるなら、東大の生産研究所でロケットを何発も上げてやることも、同等あるいはそれ以上の値打ちがあるし、金の量もそんなに要らないで能率的にいけるのではないかという気もする。

朝永　ロケットを例とすれば、こういうものを取り上げられることがいけないというつもりではない。ただそこで二つの問題を考えねばならないと思う。その一つはあるトピックを取り上げたとして、

（4）ＩＧＹ　国際地球観測年。国際的な協力により地球科学的データを集中的かつ総合的に観測することを目的とした一九五七年〜一九五八年の研究プロジェクト。全世界で七〇を超える研究機関が参加した。日本も地磁気、オーロラ、電離層などさまざまな観測に協力し、南極に昭和基地が建設されたのも日本がＩＧＹの南極観測に参加したためである。

そのあとのやり方ですね。ロケットを作るには先ほどのお話のように燃料の問題、材料の問題、あるいは天体力学的な軌道の問題とか、いろんな問題がからんできて、ロケットの中に基礎研究があると言われたのはその通りだと思う。それを下から積み上げていかねばならない。そこで大切なことは、ではどういうところから手をつけて、どういう順序でやっていくか、それを始めていく準備がすでにできているかということです。一つのトピックを取り上げるためには思いがけない研究が関連してくることがあるが、それがどんなものであるか、それが現在の日本の man-year でどの程度の規模まで実現できるかということ、もし man-year が不足しているとすればどういうふうに人を養成していくか、全体としてどういう順序でどういう体制で研究をやっていくか、そういうことを十分に考えないと、最初はよくても途中必ずどこかにネックができてくるということが起こるのではないでしょうか。(5)

第二の問題は何をトピックとして取り上げるかという点です。トピックスといっても、新聞や雑誌ににぎやかに出るような問題もあるけれども、あまり世間で言われないが、しかし非常に重要で、またわが国で立ち遅れているようなものもあるのではないか。そういうものを十分比較検討して、その上でやっていくことが必要と思う。問題はそういう選択が適切に、十分な検討の上でなされているかどうかということです。

玉虫　日本の立場、日本のおかれている歴史的な背景とか、あるいは現状などから考えたときに、また国民の福祉なり、将来のことを考えたときに、どういうことが重点的な研究問題であるか、その点について政治家と学者の間のディスカッションが不足しているのではないか。政治家も時々学者の意見も聞き、十分に考えて方針を打ちたてていただきたい。立てた上はじっくりやっていただきたい。日本としては例えば土壌や石炭の研究というようなことは重要な問題じゃないか。あるいはもっと身近な、ジャーナリズムにのらないような問題があるのじゃないか、学者のほうから言うとそういう気がします。

基礎科学の意味

福田　先ほど基礎研究、応用研究という話が出ました。一つの具体的な例として、一九三〇年代に原子核物理学と言われている物理学の一つの分科ができた。原子核に巨大なエネルギーが潜んでいるということは、原子核物理が起こると同時にわかっていた。ところがその当時それをまじめに取り上げることを考えた人はまるでいなかった。原子核をはじめて破壊したラザフォードでさえ、一九三七年になっても原子力の実用化が近々実現できることは夢物語にすぎないと断言している。それが核分裂という、それ自体としては非常に地味な発見が一つ生まれただけで、短時間のうちに一気に実用化がすすんだ。近代の科学はそれを可能にするシステムをもっている。つまり核物理学だけでなくて、

（5）man-year　人数と年数の積で表される仕事量の単位（人年）。例えば七〇〇〇man-year の仕事とは、七〇〇〇人で一年、あるいは七〇〇人なら一〇年、七〇人なら一〇〇年かかる仕事量。

冶金学とか広汎な技術が進んでいたということがその背後にある。核物理学が当時ほんとうに基礎的な学問として、応用との接触面を持たなかったときにも、日本では先ほどの仁科さんの苦労されていたころ、外国では十分に力を入れていたから、原子力工業へと発展して現実の問題になり得た。基礎科学から何が出てくるかということは予想もつかないことが多い。半導体の研究からトランジスターが出てきたのも一例でしょうし、例をあげれば切りがない。基礎科学と技術とが結びつく例が無数にあるわけですが、ある意味では独立に育て上げるようにしないと危険がある。大学などを中心とする基礎科学者のいだいている心配は、応用面のかげに基礎科学という根がよく育つかどうかです。政治家はこれを基礎科学から開花した成果、トランジスターとか月ロケットとかあるいは原子力とかの芽を吹き出した穴からだけ眺めているのではないか、基礎科学の成立と役割を十分理解していないのではないかというのが学者の不安ですね。

中曽根　そんなことはない。われわれの考えるところでは、基礎科学研究というものは個人的なものです。芽を見つけ、それをある程度まで育てるくらいまでは個人的な少数のものです。芽のできたものを工学や応用にもっていくのは、組織や次のものによるわけでしょう。そういう意味で去年あたりから、われわれも重要研究に研究費を出すようにしたり、多少はやっているわけです。われわれのほうからも言わせてもらえば、福田さんや朝永さんは理論物理をやられているわけで、われわれは科学全般を見ているのです。そういう点から見ると、言われることが非常に理論物理的な、純粋観念的な性格が強いと思うのです。エンジニアの発言は即物的な性格をもっていて、そういう人たちの思惟の方向は割合われわれにも了解しやすい。そういういろいろな方面からの要請をうけて、全体としてバランスをわれわれは考えていく。

喜安　その点で私は電気の関係ですが、逆の心配を感じている。われわれも例えば物理雑誌の論文の中で将来役に立つもの、工学にとり入れられるものを注意し、応用の立場から見て、いかに役立てるかということをいつも苦労しているわけです。トランジスターの場合にも、あの原理がアメリカで発見される以前にわれわれにわかっていた。にもかかわらず、向こうよりおくれてしまった。核分裂の場合も発見した国で発展し実用化されたのではなかった。そこに問題があるわけで、日本の現状では日本のものを十分に育て上げるだけの力が、いまの組織では不十分なのではないか。先ほどの南極探検の話でも、大臣の言われるようにその金を全額生産研究所にぶちこんでも、あの期間には何もできなかっただろう。研究者は一年や二年で揃うものではないし、その養成計画をもたなければ、先ほどのトピック研究の実現もおぼつかない。こういう点が非常に過小評価されていると思う。われわれは基礎的な発見を応用にもっていくに要する man-year の評価の点を心配しているのです。別の例を言えば、われわれのところで電話の電子交換をやっている。これがお話にならぬ man-year です。アメリカでは七〇〇〇 man-year でやっている。月ロケットに投下された man-year はものすごいものだろうと思います。これは独自の技術体系をつくり上げる内容の評価の問題です。

朝永　われわれはもちろん自分のやっている分野だけをなんとかしてくれというのではなく、バランスは非常に大事だと思う。ただ基礎科学はあまり人目につかない点があるので、特に強調しないとバランスが失われるおそれがある。先ほどの核分裂の発見のあったころ、私はちょうどドイツにいたのですが、当時ヒトラーは原子物理学は無用だという見解をもっていたらしく、日本にさえ二つあったサイクロトロンがドイツにはなかった。当時ドイツの空気では中曽根さんの言われた理論物理学者の「純粋観念的な」考え方だという理由かどうかは知りませんが、原子物理学者の言うことは、いっこうに取り上げられなくて、原子の破壊などといってなんの役に立つかといった風潮でした。ハーン、シュトラスマンの〔核分裂の〕発見はそういう中で行われたので、私のいた大学の教授が大変喜んでいたのを思い出します。しかし結局、そのときすでに、ドイツは原子物理学では二流国になってしまっていたのです。

もう一つ、基礎研究の芽を生みだすのは個人だといわれた。もちろんすぐれた学者が独創的な研究をやらなければ芽は出ないわけですが、他面、今日の科学では基礎研究といえども応用研究と違わないくらいの規模の大きい研究設備、man-year が必要になってきている。この点では個人の創意にまって個人の勉強しだいというのではやはり伸びていかない。

基礎研究と開発の問題

中曽根　日本で基礎科学が発展しない一つの理由は、学者の中に明治以来の舶来思想がある。日本の学者の発明や発見を過小評価して、それが外国で発展して入ってくると無条件に賛美するという例がいくつかある。

富山　そういう問題もありましょうが、それは日本の産業構造の問題が反映しているので、学者の研究を産業に結びつくまで育てるということがいままで組織的になされていないばかりか、むしろ反対の方向をとっていたことによるでしょう。

中曽根　産業で開発する前に問題がある。この方面で利用できるということを証明し recommend〔推奨〕する力が学者にはない。

喜安　結果においてそうなっていても、解釈はちょっと違うと思います。例えば本多〔光太郎〕先生の新KS鋼を電話機の磁石に使うようにしたのはアメリカだったわけですが、それでは日本で評価する力がなかったかというと、当時の日本の技術力では評価はしても、実現するだけの man-year をもたなかった。いくら技術的にすばらしいといっても、取り上げてもらえない段階だったと思います。トランジスターの場合には東北大学の渡辺〔寧〕教授が戦前から〔可能性を〕言っておられ、抜山〔平一〕先生も手をつけられたが膨大で投げだしに近い状態だった。われわれも外国の状況を見ながら指をくわえているよりしかたがなかった。

編集部　舶来思想の問題より、研究を開発にもっていく体制の不完全なところに問題があるというわけですね。それと関連して、先ほど朝永先生がたの考えが基礎物理に制限されているのではないかという話が出たわけですが、たとえば核融合という問題についても、もちろん基礎物理と密接な事柄ですが、それだけ考えていたのでは成り立たない、広い視野を必要とする問題として取り上げておられるのだと思います。そういう点で学術会議などで行われた討議[6]などもはっきり評価していくことが必要だと思いますが、世間では学者は反対ばかりしているというようにとられている向きもあるかもしれない。これは原子力についても言えることでしょう。

中曽根　その点は玉虫先生のお話にあった、学者と政治家の話し合いが欠けているということがあると思いますね。

編集部　開発のための、あるいはその他、学問的な検討のための組織という問題で、例えば学術会議もある。そういう既存のものを十分に活かし、諮問するという必要があると思いますが。

中曽根　学術会議自体がなかなか非学術会議的要素もある。発言する人が片寄っている場合があると聞いている。反対意見をもっていても口に出さないということもあるらしい。そういう点では日本の学者は私は勇気がないところが非常にあると思う。学術会議の委員会の決議が全部の意見ではないということがしばしばある。

玉虫　学術会議はその構成メンバーが多いので、一つの問題について、全体の一致した結論をうることがむずかしい事情もある。

朝永　学術会議が必ずしも実のない議論ばかりしているのではない。総会などを見るとそういうふうに見えるかもしれませんが、実際にいろいろな成果をあげている。南極研究にしても、おそらく学術会議がなかったならば実現はむつかしかったのではないかと思いますね。

福田　科学技術庁で関心をもっていた核融合の問題ですが、プラズマ研究所[7]をつくるということを学術会議の総会できめた。これは原子力局がはじめ力を入れてやっていたけれども、現状は原子力研究所の仕事と必ずしも同じ段階ではない。現在は核融合が実現するかどうか見通しがまだないという基礎的段階で、プラズマの実体をつかむという地味な研究を続けなければならないと思っている。一時、外国のものを模倣してやればよいという意見が出されたが、それは事態を前進させるか後退させるかわからない。われわれはこの研究所によって本筋の研究をはかりたいという考えなのです。

中曽根　その問題はエンジニアの側とフィジシストの側と、意見が若干違っている。もっとも私たちはエンジニアの側のほうがいいように思う。それはこの研究には試行錯誤が必要だと思うからです。金がいるなら出せばよい。もちろん、学者が民主的に湯川〔秀樹〕さんと菊池〔正士〕さんに任せた[8]という結論は尊重します。しかし私個人としては、失敗を恐れずやったほうがよいと思う。

（6）**学術会議などで行なわれた討議**　一九五〇年代後半、核融合研究開発の方策をめぐって、A＝新着想（および人材）の育成、すなわち基礎研究と、B＝中型装置建設、の優先度が議論された。「AB論争」と呼ばれる。

（7）**プラズマ研究所**　プラズマ研究所は、核融合研究に関して注6のAB論争を経て基礎研究路線が選択された結果、設立が決まった。注8も参照。以下の福田・中曽根・朝永の議論も、核融合施設の建設にすぐ進むべきか、プラズマ研究のような基礎研究から進めるべきかの優先順位を話している。

（8）**学者が民主的に湯川さんと菊池さんに任せた**　核融合については当初、湯川、菊池、嵯峨根遼吉、伏見康治、早川幸男らが議論を率いていた。総理府の原子力委員会の下に一九五八年に設置された核融合の専門部会も、湯川が部会長、菊池が世話役を務め、一九六〇年の国家予算に核融合の中型装置の建設計画を組み入れるべきか否かを審議したが、最終的には湯川、菊池、伏見、嵯峨根ら中心メンバーの判断で見送りを決めた。それがこの座談会の数か月前の一九五九年八月三日のことである。

朝永　われわれは、失敗を恐れているのでは決してない。それから学べるような失敗でなければならないというのです。失敗を恐れるどころか、現在の核融合の段階では失敗は必ずあると思えばこそ、そして失敗から学んで進んでいくべきだと考えればこそ、それにふさわしい弾力性のある体制をとって進まなければならないと言っているのです。

軍事研究と大学の自由

中曽根　もう一つ、私は大学教授の自由ということを言っておきたいと思います。東大では矢内原〔忠雄〕さんのころ学部長会議で、軍事研究に協力しないと決議したということですが、これは教授の自由を圧迫することではないですか。軍備が憲法違反だと考える人ならやらなければよい。しかし憲法の解釈はいろいろだ。学部長会議や教授会の決議で人を拘束すべきではない。教授は裁判官にも似た権威を持つべきで、自己の良心と真理に頼るべきであり、個人の信条に属することを集団の決議で拘束すべきでない。

福田　ほんとうに軍事研究が必要だと思っている教授がいるのなら教授会でそう発言すべきです。こういう問題について教授会で決議するときには、数では押し切れないと思います。

玉虫　東大の場合には、決議というよりこういう方針でいこうという申合せです。

富山　大学の自由というのは、外部からの干渉や圧迫に対して大学を守るという意味で問題になるのだと思います。何を研究するのも勝手だという意味の自由が問題になることはないでしょう。軍事研究には簡単にいくらでも金を出す、大事だが地味な研究にはさっぱり金が出ないという状態のままで研究の自由を言われるのは危険です。とにかく科学や技術は軍事研究と結びつきやすい性質をもっているのです。だから、見かけは干渉や圧迫ではないけれど、相当危険なお客様とみて、大学でそれを警戒するのは当然のことだと思います。またこれは、憲法の解釈とは一応別の次元のことで、世界の平和を願う各国の自由な学者たちの動きをみれば、問題の本質がどこにあるかわかるはずです。東大の教授会で軍事研究反対の申合せをしたとすれば、立派な見識だと思います。

中曽根　それはあなたの考えだ。その考え方に反対の人もあるだろう。憲法の解釈や自己の進退の問題は個人の権威で決定すべきだ。私は大学教授の個人の自由をもっと尊重したい。

国民の福祉と科学

富山　話がだいぶ物理・工学方面に偏りすぎたようですが、生物学や医学の方面からの注文もおありと思います。

野島　科学技術の振興を考える場合、国民生活の問題と、わが国の科学の現状からと、両方を考え合せていかなければならないということを、先ほど朝永先生が言われました。いままで話されたことは後者の面だと思います。政府全般の科学研究計画は、現実の国民生活から非常に離れているということが考えられる。たとえば新聞にも出たのですが、小児マヒ〔ポリオ〕のワクチンですね。現実に人が死に、かたわになるということが起こっていながら、現在、検定されているのは必要量のおそらく十分の一以下でしょう。その原因は小児マヒのワクチンをつくるとき、細胞の培養にサルを使いますが、サルを検定したりふやしたりすることについての研究費は微々たるものです。ワクチンの将来の改良について、真の意味で系統的な考え方がない。そういうことがつもりつもって、今日のような事情をまねいている。日本の力で国産でまかなうにはまだだいぶかかるでしょうが、政府の考え方によっては短縮できる。そういう種類の問題は医学関係にたくさんあるわけです。そうした研究を実際に推進するのは医学の基礎になっている生物学ですが、現在、基礎生物学は非常に進んでいる。たとえば核酸の研究はガンやウイルス病の治療にも関係していますが、きわめて軽視されている。ウイルス増殖の研究はジャーナリズムに騒がれるが、それと関連する基礎は軽視されている。

富山　産業と結びつかない重要な科学は、いまの政策からいっても軽視される傾向があると思う。もっと国民の福祉との関係から科学を見なければならない。またそう見ることによってバランスという問題の見方がさらに深められる。こういう問題は技術の進歩と農業の関係にも見られるように思います。そういう点からも、より広い意味でのバランスを確立していくことが大事だと思いますね。

中曽根　目に見えて人類に害を及ぼしているものは早く克服するということが、学問の大きな要素でもあるから、目に見えない地道な研究も大事だけれど、ガンとか小児マヒといった、目に見えるものに力をそそぐことは政治として当然だと思います。

野島　目に見えないものについて、現在の政治家の人たちがわかっているかどうかが疑問です。科学者としては、科学者のイニシアティヴで動く中央の科学技術の研究所ができなければだめだと思いますが、現実のそういう機関は官僚機構によって動いており、ほんとうに地道な研究者の仕事を理解しているかどうか疑わしくなる実例が多い。

中曽根　日本の大きな問題は研究管理ということだと思います。原研〈日本原子力研究所〉で騒動(9)が起きたように、事務部門と研究部門の調和、研究自体をテーマによってどう管理するかという点で大きな問題があり、われわれもそれを取り上げてやってみようとしている。こういうことは大学の研究でも至るところある問題でしょう。しかし、基礎科学が大事だということは近ごろでは認識を深めているつもりですよ。

編集部　ではこのへんで。

(9) **原研で騒動**　原研創設以来の一〇年間を記している『原研十年史』〈原子力研究所、一九六六年〉によれば、「労使紛争の起伏は創業以来の年中行事だった」(p. 10)。中曽根がここで言っているのは、一九五九年六月の一件だろう。給与や原研をとりまく原子力開発体制の諸問題をめぐって「労使が全く対立し、原研労組は結成以来初めてのストライキに突入、中央労働委員会に提訴した。」委員会の斡旋により紛争は妥結し「給与の水準を研究者については公務員の一三〇%、その他の所員については一二〇%に維持する」ことになった。九月には首脳部が交代され理事長は駒形作次から菊池正士にかわり、菊池は東海研究所長を兼ねて東海村で執務することが多くなった (pp. 33-34)。

解　説――背景おぼえ書き

江沢　洋

I　プロメテウスの火

エッセイ集を「暗い」エッセイからはじめるとは、どうしたことか。そう思われる読者もおられるだろう。この「暗い日の感想」は、雑誌には書きたがらないといわれた朝永が重い腰をあげた珍しいエッセイである。これを掲載した『自然』という雑誌は一九四六年の創刊であるが、以来ほぼ一〇年にして初めての登場なのだ。

いや、初めてというのは正確ではない。このエッセイより前の一九四九年一月号に朝永の巻頭論文がある。その題は「かなしい現実」で、これも暗い。当時、紙が学術雑誌にまでまわらず財政難もあって重要な科学的な仕事がなかなか公刊されないことを嘆かれたものである。次いで一九五一年一月号に「朝永先生大いに語る」という座談会の記録がある。しかし、エッセイとしては「暗い日の感想」が初めてである。これを書いていただくのに編集部は苦労したという話も聞く。

この頃は、くりこみ理論の大仕事は一九四八年あたりで一区切りついていたが、一九五一年に亡くなった仁科芳雄の後をうけて広い意味の政治に巻き込まれた大変な時期であった。巻末の関連年譜を見ていただきたい。

仁科が委員長を務めていた学術会議の原子核研究連絡委員会は一九五二年六月に原子核特別委員会（核特委）に改組され、朝永はその委員長に推挙された。一九五一年の五月にE・O・ローレンスが来日し、進駐軍によって破壊された理研の小サイクロトロンのものと同じ電磁石の鉄心がもう一つあるはずだ、それと理研に残っている電源装置を利用すればサイクロトロンが、小さいながら、たいしたお金をかけずに造れると示唆したことからはじまって[1]話は膨らみ、理研、阪大、京大でそれぞれサイクロトロンを造ることになった。[2]「ずいぶん長い議論」だったと朝永委員長は自身で語っている。「皆いい加減くたびれた時に、それじゃあ、委員長がこうしたらどうだと言って、それで決ったようです。」「みんながくたびれた頃結論を出すというこの戦術は朝永委員長のおはこなんだそうです。[3]」

話はここで終わらなかった。さらに東京の核実験の人たちが独自に加速器を造ろうと言いだし、核特委で議論するうちに、東京で造るのは思い切って大きなものにし全国共同利用にしようという考えが出てきた。共同利用研究所には乗鞍の宇宙線観測所や湯川秀樹のノーベル賞受賞を記念して建てられた京大の基礎物理学研究所といった先例があった。後者をプリンストンの高等研究所に模して共同利用の施設として造るという考えも朝永が唱え、そして骨折ったものである。[4]

核特委の考えは、学術会議の物理学研究連絡委員会（物研連）でも議論され、要望は五つの原則にまとめられて一九五三年四月の総会に提出された。すなわち、①重点的に巨大施設をもつこと、②全国共同利用の道を開くこと、③研究者の自主的運営を可能にする組織をもつこと、④大学との交流を盛んにすること、⑤大学院の学生の教育を引き受けること。これは学術会議の総会を通り、一九五三年五月に学術会議会長から総理大臣に申し入れとして提出された[5]。当時は、政府に研究所協議会というものがあって研究所の新設等を検討することになっていた。朝永も菊池正士、藤岡由夫とともに臨時委員として検討に加わった。並行して物研連、核特委でも研究所の構想を練り、七月の核特委で共同利用研究所は東大附置とすることでまとまった。政府からは一〇月に「五月の申し入れの件は研究所協議会の意見に従って進めます」という通知がきた。異例の速さであった。

ところが研究者の側から異議がでた。東大は、研究所は附置として引き受けるが、大学の自治を崩すことはできず、全国の研究者の自主的な運営といっても、それを研究所の教授会が言いだすのでなければ東大として約束はできないとしている、これは学術会議の原則③に矛盾するというのである。これも菊池が東大の矢内原総長と何度も話し合って一九五三年一二月に解決した。東大が「研究所の運営に関して所長の諮問に答えるため研究所に協議会を置くことを得」という文章を研究所の規定に入れることを提案してきたのである。これを核特委も了承した[6]。

しかし、これで終わりではなかった。原子核研究所が田無町に置かれることが住民に知れると反対運動がおこったのだ。原子核の研究所は核兵器の研究をするのではないか？　原子力にも関わるだろう？　放射線を撒きちらすのではないか？　折しも一九五四年三月にはビキニ環礁で米国が水爆を爆発させ、第五福竜丸など日本の漁船が被曝していた[7]。街は放射能マグロで大騒ぎになり、原水爆反対の運動が湧きおこった。四月には原子力予算二・三五億円が国会を通った。田無町民の心配はもっともなことであった。「われわれとして礼を尽して地元の人たちに真意を説明しよう」ということになって朝永、菊池、熊谷寛夫が町議会、町長、役場の人たちと話し合いを重ねた。原子核の研究と原子力の開発はちがう。前者の主役はシンクロサイクロトロンという加速装置であり、後者の主役は原子炉で、まったく別物である。放射線が出ることは認めなければならないが、原子炉から出るものに比べればほとんどゼロに等しい。化学の実験室から出る有毒ガスと化学工場の煙突から出るそれとの差のようなものだ、等々。最後には町民の有志とも膝づめで話すことになり「夜中の一時ごろまで話をしたことが忘れられません」と朝永は語っている。

話すうちに「田無には大陸から引き揚げてきて食うや食わずの人がいる」という話になった。「聞けば十億円もかかる研究所を作るというのは、どう考えても、われわれとしては納得できない、それだけの金があれば、飢えている人たちを助けるようなことをやるべきではなかろうか」。これは基礎研究の重要性や放射能の問題とちがって物理学の立場からだけでは説明できない。不十分なことは承知で、基礎研究の重要性を説くしかなかった[6][8]。

一九五四年一〇月の物理学会で深夜まで議論した結果、町民の理解を得るよう全員で努力しよう、そして研究所は予定どおり完成させようということになった。こうした努力の末、田無町と研究所の間でいくつかのことを申し合わせた上で青信号が出た。一九五五年七月には研究所の建設が正式にきまり、熊谷を中心に滑り出すことになった。

物理学の背後に魔性がひそんでいること、物理学者が原罪を背負っていることが本書を貫くテーマになっているが、このことに朝永が思いいたった素は、考えてみると、この田無町民との話し合いにあったのではあるまいか？　物理学がどういうものかよく知らないが、原子爆弾にせよ放射能にせよ、物理学のもたらしたものはまざまざと見せつけられた人々。そういう人々と物理学の研究について話し合った後、朝永の心に若いとき読んだファウストの物語がよみがえり、ギリシア神話のプロメテウスの言い伝えが浮かび上がったことは、ありそうなことだと思う。

朝永の著書の編集に当たり、つねに先生の傍らにいてお世話した松井巻之助も先生の『物理学とは何だろうか』（岩波新書、一九七九年）の「解説」に書いている。

先生の、ノーベル賞の対象となったような専門的な重要な業績には、実は何年も前に頭脳の一隅に播かれていた着想が芽生え、徐々に成長して開花、結実したものが多いといわれていますが、上記のような〔『物理学とは何だろうか』の〕構想の芽も、肉づけの過程も、実は三〇年近く前、先生が専門研究に没頭されているころ、ある偶然から先生自身のなかに確立されたものでした。

その一つは、昭和二四年に発足した新制大学教養課程の「物理学」についての先生の試案で（中略）しかしその後、仁科先生の急逝、戦後のわが国の科学についての教育・研究行政の急激な変革や再編は、先生をいや応なしに複雑な社会や人間の問題に巻きこみました。それらに対して先生はいつも誠実に顔を向け、着実に処理されていき、変革期のわが国の科学・技術行政に新紀元を画されたことは広く知られています。

なお、この第I部の最後にある「科学と現代社会」について注釈を加えておきたい。

これは、次の懇談会の第三回「科学と文明」における朝永の問題提起である。その懇談会とは、三木武夫内閣（一九七四年十二月―一九七六年九月）の文部大臣であった永井道雄が「世界史が大きな転換点にある今日、産業革命以降の進歩とか成長についての考え方は根本的な検討を迫られている」として「文明問題懇談会」を組織し、一九七五年四月から一年間、毎月一度開いたもので、市井三郎、桑原武夫、都留重人、朝永振一郎、湯川秀樹ら一九人の委員に加え、吉川幸次郎など三人の顧問、D・キーン、R・ドアーを含む六人の専門委員が招かれた。懇談会の各回は「科学技術と人間」、「歴史と日本人」、「創造性と学校教育」などそれぞれにテーマを定めて二、三人が問題提起を行い、自由な討論が続くという形をとった。その記録は政府刊行物として配布された後、『歴史と文明の探求』（上・下、中央公論社、一九七六年）として出版された。

II　原子力と科学者

この第II部は、一つ目の講演録が原子エネルギーの発見に至る歴史を追っているのを別にすれば、原子爆弾の脅威を除くべく立ち上がった科学者たちのパグウォッシュ運動を叙述している。その運動は今に続き、二〇一一年のパグウォッシュ会議は第五九回目になる。それはどんな成果をあげたか、運動を中核で担い続けてきたＪ・ロートブラットは言う。[9]

決定的にパグウォッシュのものといえる成果は何かとおっしゃるなら、私の答えは「何もない」です。というのは、問題が多くの要因を含みあまりに複雑なので、どれが決定的な要因であるか言えないからです。他方、私たちは平和と安全に多くの仕方で役立ってきたということは言えます。パグウォッシュは考察や解析によって寄与してきました。パグウォッシュがなかったら、これだけの寄与はなしとげられなかったか、遅れていたでしょう。たとえば、一九六三年の部分的核実験禁止条約や一九六八年の核拡散防止条約、一九七一年の生物兵器の禁止協定など。どの場合にもパグウォッシュの場における討論が公式の交渉の足場をつくり合意に導いたのです。ＳＡＬＴ（戦略的兵器制限交渉）の準備でも私たちは大きな役割を果たしました。最近では開発途上国の問題にも関わっています。

　前にも申しましたとおり、これらの分野では他の多くの組織も活動しています。そのために、私たちの寄与を決定的に名指すことはできないのです。しかし、交渉の中心にいた確かな人から聞いたところでは、パグウォッシュの寄与は重要で、ときには決定的だったということです。

ここに挙げられている核実験の禁止はどこまできているか、それを見ておこう。[10]一九六三年以前のア

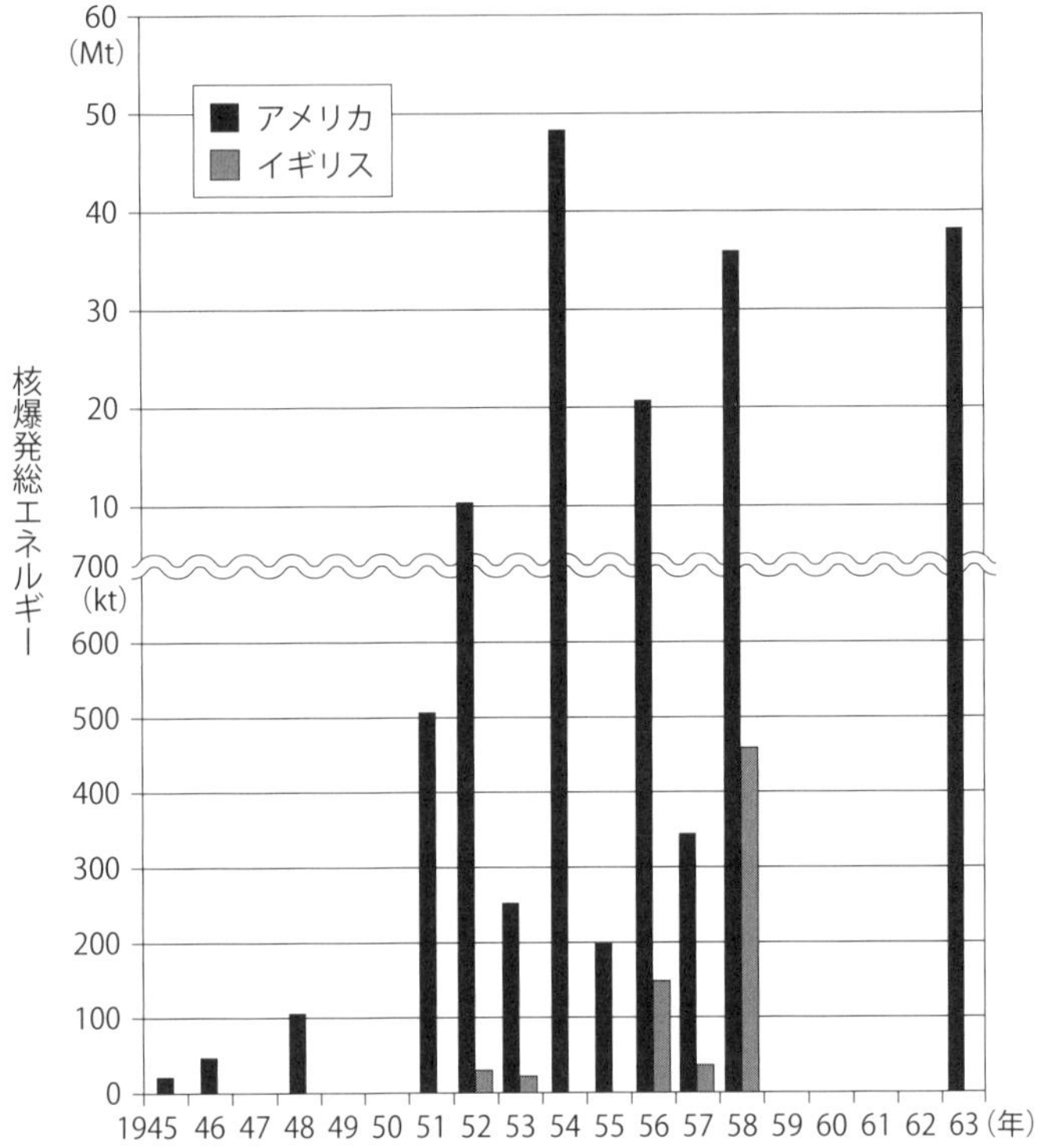

図1　各年の核実験における核爆発の総エネルギー

エネルギーは相当する火薬の量で示す（kt＝キロトン、Mt＝メガトン）。19xx/19yyのように2年にわたる実験は19yy年に行なわれたものとする。アメリカは1951年に最初の地下核実験を行なった。1964年からは専ら地下で多数の実験をし、その最後は1992年9月に行なわれた。イギリスは最後の核実験をネヴァダ実験場の地下で1991年11月に行なった。両国とも以後は未臨界核実験をしている。

メリカとイギリスの核実験の歴史を描いたグラフ（図1）もふまえて読んでほしい。

1　部分的核実験禁止条約

一九六三年八月に米・英・ソの三国間で調印され、一〇月に発効した。それに先立つ一九六二年秋にキューバ危機が起り、米・ソは核戦争一歩手前まできたかと思われた。この経験から彼らは歩み寄り、この条約の締結にいたったのである。条約は正式名を「大気圏内、宇宙空間および水中における核兵器実験を禁止する条約」（Treaty Banning Nuclear Weapon Tests in the Atmosphere, in Outer Space and Under Water, 手短かにPartial Test Ban Treaty, PTBT）という。

「部分的」というのは地下核実験を除外していることを指す。このため、この条約の発効後、実験は地下に移行し、大国の核兵器開発は引き続き行なわれた。

条約の発効までに全部で一一一ヶ国が参加したが、中国、フランスを含む十数ヶ国は調印しなかった。彼らの目には、核開発で先行している米・ソ両大国が後発国の参入を阻止する条約と映ったのである。フランスの最初の核実験は一九六〇年であったが、四月までに四回の実験をし、この条約発効前の一九六一年一一月から発効後の一九六六年二月までに一三回の地下実験をした。その後は一九六六年から一九九六年までには二一〇回も実験をしている。中国の実験は条約発効の後で、最初が一九六四年、そして一九九六年までに四五回の実験をした。地下核実験は一九九六年七月のものが二二回目だと言われる。フランスの一九六六年、中国の一九六七年の実験は水素爆弾である。

表1　弾道ミサイル保有制限数

	大陸間弾道弾（ICBM）	潜水艦発射弾道ミサイル（SLBM）
米	1,000	710
ソ	1,410	950

2　核拡散防止条約

核兵器と核兵器技術の拡散を防ぎ、核軍縮と一般軍縮に近づこうとする。一九六八年から署名を集め、一九七〇年には発効した。そして一九九五年五月一一日に条約は無期限に延長された。米・英・ソおよびフランス・中国（ともに署名は一九九二年）を含む一九〇ヶ国が参加、北朝鮮は一九八五年に加盟したが二〇〇三年に脱退、インドとパキスタン、イスラエルは未加盟である。

この条約は加盟国を核兵器保有国（ＮＷＳ、米・英・ソ・仏・中）と非保有国に分け、前者が後者に核兵器や核爆発装置を渡さず、それらの製造の手助けもしないこと、後者はそれらを受けないこと、両者が核非武装に向けて努力すること、これらの規定は原子力の平和利用への努力を妨げないことなどを定めている。

3　第一次戦略兵器制限交渉

米ソ両国は、冷戦期の核軍備競争に歯止めが必要と感じ、一九六九年に核兵器運搬手段の制限交渉をはじめた。これが第一次戦略兵器制限交渉（Strategic Arms Limitation Talks I, SALT I）である。交渉は一九七二年五月に妥結し、モスクワで調印された。

これは両国の保有する弾道ミサイルの数を追認し、追加を行なわないとした（表1）にとどまり、核弾頭の数やＭＩＲＶ化（Multiple Independently-Targetable Reentry

Vehicle, 多弾頭独立目標再突入ミサイル）に対する制限はなかった。

4　弾道弾迎撃ミサイル制限条約

ＡＢＭ条約（Anti-Ballistic Missile Treaty）ともいう。米ソ間で第一次戦略兵器制限交渉と同じ一九七二年五月に締結され、同年一〇月に発効したもので、戦略弾道ミサイルを迎撃するミサイル・システムの開発・配備を厳しく制限し、防御態勢を脆弱なものにすることで核攻撃を抑止しようとした。いわゆる「相互確証破壊」（Mutual Assured Destruction）の考えである。

しかし、中小国においても弾道ミサイルが開発されるようになり、米国はそれに対抗してミサイル防衛の研究をはじめ、ＡＢＭ条約に抵触する部分があるとロシアから批判された。二〇〇一年一二月、米国のＧ・Ｗ・ブッシュ大統領はミサイル防衛の推進をとりＡＢＭ条約からの脱退を通告した。正式の脱退は、規定により通知から六ヶ月後の二〇〇二年六月一三日になった。対するロシア大統領Ｖ・プーチンは、これは間違いであり、ロシアの安全保障に脅威とはならないとし、むしろ戦略攻撃兵器の弾頭数を一五〇〇〜二二〇〇発レヴェルまで削減することに米ロが合意することを目指してゆくと言明した。

5　第二次戦略兵器制限交渉

第一次制限交渉の欠を補うべく、米ソの間で核兵器の運搬手段（戦略爆撃機）の数とＭＩＲＶ化の制限が盛り込まれた。

両国は一九七九年六月にウィーンで調印したものの、ソ連のアフガニスタン侵攻を理由に米国議会が批準を拒否、そのまま一九八五年に期限切れになった。

一九八三年三月、米国大統領R・レーガンは、核均衡が相互確証破壊の考えによっていたのをよしとせず、米国や同盟国にミサイルが届く前に迎撃し破壊する手段の開発（Strategic Defense Initiative, SDI. 通称スター・ウォーズ計画）開始を命じた。しかし、開発は困難に直面し、他方一九八五年三月のソ連のM・S・ゴルバチョフ政権誕生をきっかけに緊張緩和と軍縮が進み、SDIは自然消滅した。

6　中距離核戦力全廃条約

INF（Intermediate-Range Nuclear Forces）条約ともいわれる。核弾頭つき地上発射中距離（五〇〇〜五五〇〇キロメートル）ミサイルと付属施設をすべて廃絶する画期的な条約である。米国大統領レーガンとソ連共産党書記長のゴルバチョフが一九八七年一二月八日に署名し、一九八八年六月一日に発効した。一九九一年五月までに米国の八四六発のミサイル、ソ連の一八四六発のミサイルが、最新の米国のPershing II、ソ連のSS－20も含めて、廃絶され、相互の現地査察によって確認された。

ここにいたるゴルバチョフの動きを追ってみよう[11]。一九八五年三月にソ連共産党書記長になるとゴルバチョフはペレストロイカを唱え情報公開、民主化、市場原理の取り入れを進めた。その年の一一月、ジュネーヴ・サミットでゴルバチョフは米国大統領レーガンに会い、SDI政策を厳しく批判した。レーガンは一歩も譲らなかったが「核戦争に勝者はなく、はじめるべきでない」と言い、お互いに好感をもった。モスクワに帰ったゴルバチョフは軍縮を唱えた。翌年一月、レーガンに手紙を送り一九九九年までにすべての核兵器をなくす三段階計画と核実験の自粛を提案した。レーガンはSDIにこだわり応じなかった。

四月末、チェルノブイリで原子炉事故があり、ゴルバチョフは反核の考えを強めた。一〇月、両者はレイキャビクで会い、核兵器廃絶の合意間際までいったがSDIが障害になった。

一二月、A・サハロフがゴーリキー幽閉からモスクワに帰り、SDIを軍縮から切り離す努力をはじめた。一九八七年二月、モスクワにおける軍縮会議で米国科学者連合（Federation of American Scientists）のJ・ストーンやフォン・ヒッペルもサハロフに賛成した。ゴルバチョフは会議の晩餐会で彼らの意見を聴き、強い印象を得た。INFにゴルバチョフとレーガンが署名したのは、その後の一二月であった。

一九八八年の七月、ゴルバチョフは経済ならびに外交上の理由から一方的軍縮の間際まできていると述べた。ベルリンの壁が一九八九年一一月に打ち壊されると米国大統領G・H・W・ブッシュも冷戦の終了を悟った。そして一九九一年七月、START（Strategic Arms Reduction Treaty）の調印に踏み切る。

一九九一年八月、保守派によるクーデタが起きゴルバチョフと妻は休暇で滞在していた別荘に監禁され、命の危機にさらされた。しかし、クーデタはペレストロイカで目覚めた市民たちによって阻止された。同年一二月、ゴルバチョフはクレムリンを去った。[12]

7　地下核実験制限条約

一九六三年に発効した部分的核実験禁止条約（PTBT）に地下核実験を含め、かつ核爆発の出力を火薬一五〇キロトン相当までに制限した。一九七四年七月三日、米国大統領R・ニクソンとソ連共産党のL・ブレジネフ書記長が署名したが、冷戦のためなかなか批准されなかった。一九八〇年代も後半になって米ソが接近し、一九八八年には共同して検証実験がなされ、核爆発の出力と地震波の関係が較正されて核実験・核出力の検証体制が整えられた。冷戦終結もあってようやく批准がなされ、一九九〇年一二月に発効した。この条約は正式には「地下核兵器実験の制限に関するアメリカ合衆国とソヴィエト社会主義共和国連邦との間の条約」（Treaty between the United States of America and the Union of Soviet Socialist Republic on the Limitation of Underground Nuclear Weapon Tests）とよばれる。以後、大国は未臨界核実験に向かう。

8　第一次戦略兵器削減条約

米ソ間ではじめられたＳＴＡＲＴはソ連のアフガニスタン侵攻で過熱した冷戦が一九八五年ころ緩和したことを受けて進み、一九九一年七月三一日に調印された。ソ連邦の崩壊により条約はロシア、ベラルーシ、カザフスタン、ウクライナとアメリカに継承されることになり、一九九四年に批准にこぎつけた。発効は一九九四年一二月である。この条約はＳＴＡＲＴ－Ｉとよばれる。

米・ロは、それぞれ保有する戦略核弾頭は六〇〇〇発まで（弾道ミサイルに装着した核弾頭は四九〇〇発まで）、大陸間弾道ミサイル（ＩＣＢＭ）、潜水艦発射弾道ミサイル（ＳＬＢＭ）、爆撃機など戦略核の運搬手段の総数は一六〇〇までに制限された。これらは条約発効後七年で達成されるものとする。これらの履行の確認のための査察・監視も条約に盛り込まれている。

二〇〇一年一二月に米・ロ両国は弾頭数の削減が完了したことを宣言した。この結果、核弾頭保有数は米国五九四九発、ロシア五五一八発となった。

ＳＴＡＲＴ－Ｉは発効から一五年間有効で、失効する一年前までに延長するかどうかの話し合いをすることになっていたが、二〇〇九年一二月五日に失効、ＮｅｗＳＴＡＲＴに席を譲った。

9　第二次戦略兵器削減条約

ＳＴＡＲＴ－Ｉの発効をまたず一九九二年六月には米・ロの間でＳＴＡＲＴ－Ⅱの基本的枠組みが合意され、一九九三年一月には署名された。それは米・ロが配備する戦略核弾頭数を二〇〇三年一月一日までに三〇〇〇～三五〇〇発以下に削減することなどをきめていた。ただし、この削減の期限は一九九七年九月に署名されたＳＴＡＲＴ－Ⅱ議定書により二〇〇七年まで延期された。

米国は一九九六年一月にＳＴＡＲＴ－Ⅱは批准したが、議定書は批准しなかった。ロシア外務省は、米国のＡＢＭ条約廃棄と議定書を批准しないことを批判し、ロシア政府には条約の目的達成に資さないいかなる行動を抑制する義務もないと表明した。

10　戦略的攻撃力削減条約

米国のＧ・Ｗ・ブッシュ大統領とロシアのプーチン大統領が配備した核弾頭を一七〇〇～二二〇〇にすることで合意し、二〇〇二年五月二四日にモスクワで署名、二〇〇三年六月一日に発効した。正式には「米国とロシアとの間の戦略的攻撃力の削減に関する条約」（The Treaty between the United States of America and the Russian Federation on Strategic Offensive Reductions, 略してＳＯＲＴ）という。またモスクワ条約ともいう。これには批判が出た。制限されているのは配備された核弾頭の数であるから、いくらでも貯蔵しておくことができる、削減が行なわれたかどうか査察の規定がないなどである。この条約の有効期限は二〇一二年一二月三一日であったが、期限がくる前にＮｅｗ ＳＴＡＲＴにとって代わられた。

11 新戦略兵器削減条約

ＮｅｗＳＴＡＲＴともいう。ＳＴＡＲＴ－Ｉの後継として二〇一〇年四月八日、プラハで米国大統領Ｂ・オバマとロシアの大統領メドヴェージェフが署名、二〇一一年二月五日に発効した。戦術的核ミサイルの配備数は半減、爆撃機を入れて七〇〇以下、配備された核弾頭は一五五〇以下とする（ただし、爆撃機一機に核弾頭一発と数える）。ＳＯＲＴの機構にかわる新しい査察の方式をとる。貯蔵する核弾頭の数は制限しない（米・ロとも何千という数になる）。

12 包括的核実験禁止条約

部分的核実験禁止条約は地下核実験を含まなかったので、それを含めすべての核実験を禁止することが国際社会の大きな軍縮課題であった。そのための「包括的核実験禁止条約」（Comprehensive Nuclear-Test-Ban Treaty, CTBT）の成立に向けて一九九四年一月からジュネーヴの軍縮会議の核実験禁止特別委員会において交渉がはじまった。それは一年半にわたって続けられ条約案がつくられたが、インドなどの反対で採択にいたらなかった。

しかし、ＣＴＢＴ成立への国際社会の圧倒的な支持を背景に、オーストラリアが中心となり条約案を国連総会に提出し、一九九六年九月、圧倒的多数の賛成を得て採択された（反対——インド、ブータン、リビア。棄権——キューバ、シリア、レバノン、タンザニア、モーリシャス）。

ＣＴＢＴが発効するためには発効要件国四四ヶ国すべての批准が必要とされた。現在までのところ発効要件国のうち署名済・未批准の国は米国、中国、エジプト、イラン、イスラエルの五ヶ国、未署名・未批准は北朝鮮、インド、パキスタンの三ヶ国であり、これらの国の批准の見通しは立っていない。わが国は一九九六年九月二四日に署名し、一九九七年七月八日に批准した。

なお、CTBTは条約の順守を検証するため次の制度を定めている。

（1）国際監視制度――世界三二一ヶ所に設置された地震、放射性核種、水中音波、微気圧振動の監視・観測所から観測データがウィーンに送られる。

（2）協議および説明――核実験を疑わせる事態が発生したとき協議し、あるいは疑いをもたれた国の説明を聞く。

（3）現地査察――条約の規定に違反して核実験が行なわれた場合、現地に査察団を派遣して査察を行なう。

（4）信頼醸成措置――鉱山などで化学爆発を実施するとき、それを核実験と誤認しないよう予め届け出るなどの措置。

13 兵器用核分裂性物質生産禁止条約

Fissile Material Cut-Off Treaty（FMCT）という。一九九三年に米国政府が提案し、国連総会において多国間交渉をジュネーヴの軍縮会議で行なうことが決定された。しかし、中国はFMCTの交渉と宇宙空間における軍備競争の防止の交渉を同時に行なうことを主張、米国はそれに反対して交渉は開始されなかった。二〇〇六年五月にジュネーヴ軍縮会議議長団の提案によりFMCTの検討・交渉が行なわれた。二〇〇九年五月にはアルジェリア政府からFMCT交渉の計画案が提案され、採択された。

御覧のとおり、ことは複雑に入り組んでいるが、大きな流れとしては前進しているといえるだろう。しかし相互不信は根強く、大国は核抑止の考えから抜け出せずにいる。核をもつことを国際的発言力の条件とみる国もある。

III　科学技術と国策

日本の原子力は、二〇一一年三月一一日に起った福島第一原子力発電所の事故によって、いま大きく揺れている。この国の原子力は、基礎研究から慎重に積み上げるべきだという学界の意見を無視して出来合いの原子炉をそのまま輸入することではじまった。そのために日本の特殊事情を知る目でもって輸入炉の安全性を細部まで検討することができなかった。ここに福島の事故の原因もあったのだ。この第III部には、日本の原子力開発のはじまりのときに学界の人々がどう考えていたかが窺えるような記録を集めた。

この解説では、そのころの経緯を手短に振り返ってみたい。年代順に記述したいところだが、話のつながりで、必ずしもそうならない。年表を参照しながら読んでほしい。

一九四五年の日本の敗戦による占領下、原子力の研究は禁止されていた。サンフランシスコ平和条約が一九五一年九月に調印され翌年四月に発効し、原子力の研究ができるとわかったとき科学者の間でいろいろな議論がおこった。学術会議の一九五二年一〇月の総会に茅誠司・伏見康治によって「一九五三年四月の総会で政府に原子力に関して次の任務をもつ委員会を設置するよう申し入れることの可否」という問題が提起された。[13] すなわち、

1. 原子力に関するデータの収集と整理
2. 原子力利用の発展性・将来性の検討
3. 社会・経済・政治への影響の検討
4. 原子力問題について政府に勧告申し入れをする
5. 原子力問題に関する検討結果を周知させること

総会の討論で最も人を動かしたのは原爆被災者である広島大学の三村剛昂の発言であった。三村は、原爆による被害が量的のみならず質的に通常兵器によるものと異なることを述べ、原子力問題に政府の介入を許すことは危険であるとし「アメリカにもソ連にも原爆を捨てさせる。その時までは、たとえ原子力研究で日本が遅れをとってもその研究はするべきではない」と強く主張した。[14] 討論の末、政府に勧告するという目標は抜きにして原子力をどう考えるべきか検討する委員会を学術会議に設置することになった。本書の一四二頁にもでてくる「第三十九委員会」である。

一九五三年四月の総会では「原子核研究所の設立」が申し入れられた。そこでは原子核の研究と原子力の研究は質的にちがうということが強調された。[15]

一九五三年一二月八日、米国大統領D・アイゼンハワーは国連総会でAtoms for Peaceの演説をし

「原子力の平和利用のため国際原子力機関を設置する」ことを提案した。国連は一九四五年の創立以来、原子力の管理について議論してきたが、西欧側はまず軍縮の目途をつけてから原子兵器の禁止と国際管理に進むとし、その反対を主張するソ連と対立してきたのだった。そこにアイゼンハワーが軍縮をとばして原子力の平和利用を打ち出したので、注目を集めた。大統領は濃縮ウランの提供も申し出たが、それには秘密保持を条件としていた。米国は「原子力の経済性」を主張する文書を日本政府に送ってきた。一九五五年一一月からは「原子力平和利用博覧会」も日比谷公園はじめ全国各地で開かれた。

一九五四年三月一日には米国がビキニ環礁で水爆実験を行ない、日本の漁船・第五福竜丸の乗員が死の灰をかぶり、死者もでた。放射能マグロの問題も深刻であった。これを契機に原水爆禁止運動が湧きおこった〔7〕。

そこに一九五四年三月三日、突然「原子力平和利用研究補助金」二・三五億円を追加する予算修正案が衆議院予算委員会に提出され、翌日に衆議院本会議で可決された。学術会議としては、まだ結論のでていない原子力研究であったので大いに危惧をもった。この予算案を提出した中曽根康弘は、次のように考えたと言っている〔15〕。

当時、学術会議では、原子力平和利用の研究をやろうという動議を伏見康治さんや茅誠司さんが二回ぐらい出していましたが、いつも否決されていました。共産党系の民主主義科学者協会（民科）

が牛耳っていました。それで、こうなったら政治の力で打破する以外にない、これはもう緊急非常事態としてやらざるを得ない、そう思いましたよ。研究開始が一年遅れたら、それは将来十年、二十年の遅れになる。ここ一、二年の緊急体制整備が日本の将来に致命的に大切になると予見しました。そしてその打開はあんな民科の連中なんかに引きずり回されるような学界〔学術会議のこと〕では不可能だと。

二・三五億という金額は「ウラン235の二三五ですよ（笑い）。基礎研究開始のための調査費、体制整備の費用、研究計画の策定費などの積み上げです」という。[15]

学術会議では、一九五四年四月の総会で原子力問題委員会（藤岡由夫委員長）を発足させ、二つの決議をした。第一に「原子力研究は公開・民主・自主の三原則を踏まえるべきこと」、第二に「原子力問題の重要事項は学術会議に諮問してほしいこと」である。一〇月の総会では三原則に基づき原子力の研究・開発・利用に関し「放射線障害対策に万全を期すること」など七つの措置を求めた。この総会では原子力基本法は議論されながら勧告にはまとまらなかったが、一九五五年一二月一九日に制定された基本法には上記の原則が盛り込まれている。[16]

一九五四年一一月には、「放射性物質の影響と利用」に関する日米会議が開かれ、ビキニ海域の汚染などが討議された。

一九五五年一月、米国は日本を含む友好国に「実用原子炉建造に対する技術的援助と濃縮ウランの

「提供」を申し入れた。これをめぐって四月の学術会議総会でも議論されたが、政府の動きは速く五月二〇日には閣議で米国との協定締結をきめ、一一月一四日に調印、九月には濃縮ウランの受け入れを織り込んだＪＲＲ－１、２、３原子炉の計画が発表された。[17] ＪＲＲ－１、２はアメリカからの輸入炉である。

一九五五年一二月の原子力基本法成立と同時に原子力委員会設置法が制定され、一九五六年一月に委員会が発足、正力松太郎を委員長に湯川秀樹、藤岡由夫、有沢広巳、石川一郎が委員となった。一九五六年一月四日の第一回委員会の後、正力委員長はこう述べた。[18]

1．一〇年以内に原子力発電を行うという従来の計画では遅すぎるので、五年以内に採算のとれる原子力発電所を建設したい。

2．そのためには単なる研究炉ではなく、動力炉の施設、技術等一切を導入するため米国と動力協定を締結する必要がある。

3．これは昨日の原子力委員会のほぼ一致した意見である。

一九五五年一〇月には学術会議の第三十九委員会に代って原子力特別委員会ができた。初代の委員長は伏見康治であった。

一九五六年九月二七日、米国の原子力委員会・委員長Ｌ・ストローズは、日本の原子力政策調査団に動力協定の秘密条項を大幅に緩和することを表明した。[19] すなわち、加圧水型、沸騰水型、ナトリウム・グラファイト型、水溶液均質型、高速中性子型の非軍事目的の動力炉は秘密条項をつけずに日本に渡すというのである。

原子力委員会が、学術会議の期待に反して、原子力発電を外国からの技術導入によって推進する方向に向かったため、湯川は一九五六年四月に辞表を出し、翌年三月に正式に辞任した。

学術会議は一九五六年一一月五日に、原子力開発に関し科学技術の基礎研究を重視すべきことを政府に要望し、一九五七年一月にはこの年の原子力予算が大幅に削減されたことを憂える声明をだした。当時、わが国では原子力委員会の正力委員長の主導で[20]最初の発電用原子炉として英国のコールダーホール型を輸入する計画が固まりつつあった。一九五七年一月には第一次訪英調査団がコールダーホール型炉の安全性と経済性を強調する報告書を出した。学術会議は一九五七年四月の総会で、発電用原子炉の輸入は、「長期基本計画の一環」であるべきであり、「わが国の技術の自主的発展を促進し、基礎研究とも十分有機的関連をもつよう配慮されることを望む」と勧告していた。また、この原子炉の安全性が議論の的となったのに、それを検討する資料が十分に公開されていなかったので、配慮を原子力委員長に申し入れた。一九五八年四月の総会では、原子炉の安全性に関する報告書を審査する機関は独立したものとし、その委員には学術会議の推薦した者を入れるよう勧告した。原子力委員会は、その勧告に反して、これを委員会の専門部会とし、その委員は原子力委員会が直接に任命することとした。学術会議は九月、①原子炉には未知の要素が多く、すべての専門家が同時に素人であるから、安全性の審査はすべての過程を公開し、広く一般の批判を求めなければならない、②事故のときの公衆に対する緊急許容線量の限界など原子力委員会としての見解を明らかにすること、を申し入れた。

これらは考慮されることがなく、坂田昌一は原子力安全審査部会の専門委員を辞めることになる。[21]

一九五七年の九月から正力はコールダーホール型原子炉のために英国と動力協定の交渉をはじめていたが、一二月二七日になって英国が「免責条項」の追加を要求してきた。それは、英国が製造し英国の原子燃料を使う原子炉で事故が起こっても英国政府は一切責任をとらないというもので、さらに「原子力発電はまだ危険がともなう段階にあることを再認識して欲しい」とまで書かれていた。実際、少し前に英国ウィンズケールの原子炉で事故があったのだ。炉内の黒鉛が過熱し燃料棒の被覆が融けて放射性物質が飛散した。これは米国の原子力委員会が予測していたとおりの事故だった。そこでは、原子炉事故を想定しそれによる被害額を事故の規模や気象条件に応じて算定する方式が定められていた。日本も英国の要求には原子力損害賠償法をつくって対処するほかなかった（一九六一年）。当時、事業者は保険をかけ最高五〇億円まで補償するとし、損害がこの限度を超える場合には政府が「議会が定める範囲内で原子炉設置者が責任賠償するのを援助することができる」と定められた。[22]コールダーホール型原子炉を東海村に設置する工事は一九六〇年一月一六日にはじまり、完成までに六年を要した。

一九六〇年九月二三日には学術会議の原子力問題委員会、放射線影響調査特別委員会、原子力特別委員会が原子力特別委員会に統合され、委員長に坂田昌一が選ばれた。そこで坂田が主張したことは傾聴に値する。坂田は一九六一年に警告していた。[23]「政府が練り直しつつある原子力長期計画は、アメリカより動力炉を受入れる方針が伏線となって作製されるのではないかといわれる。これはまさにイギリス動力炉輸入方式の前轍をふむものであり」「研究・開発体制の内部矛盾はふかまり、わが国の自主性を確立し原子力研究の水準を上げることの困難さは却って増大するであろう」と。しかし、わが国の産業界が選んだのは「ターンキー契約」といって「鍵をまわせば動く」という出来合いの原子炉を文字どおりそのまま輸入することであった。

一九五九年二月一四日には、原子力学会が成立していた。

＊

以上この解説では、朝永振一郎が第Ⅰ・Ⅱ・Ⅲ部にそれぞれ書き、話したことの背景を描き出そうと努めてきた。

朝永は、物理学の研究を推し進めようとして、プロメテウスが太陽の火を盗んだようなはめに陥ることに気づかされた。原水爆をなくそうと努力したが「核抑止を超える」ことはまだ果たされていない。人間の恐怖本能のなせる業かとも思ってみる。そこへ福島第一原子力発電所の事故が起きた。これは朝永の死後のことになるが、その予兆を朝永は見ていたのではないか。自主的に、民主的に、公開で、そして安全第一に、慎重に基礎研究からと声をからしてきたのに聴いてもらえなかったという思いが積もっていただろうからである。

こう考えてくると、朝永が生前、最後の力をふりしぼって問うた「物理学とは何だろうか」という問いが特別な重みをもって迫ってくる。朝永は、この問いと同じ題の著書を書き上げることなく死を迎えたのだが、もし時間が与えられていたら、この本をどう結んだか。「人間の理性が最後の解決をもたらす」と言っただろうか。

しかし、朝永が「理性」という言葉を使ったことがあるだろうか？　ぼくは一つだけ例を知っている。エッセイ「核爆発実験の再開に思う」[24]の中に次のようにはじまるところがあるのだ。

「抑止」という考え方の基本になっているものは、「核兵器が使われるぞ」という恐ろしいジェスチュアーを示すことによって、核兵器を使わないようにする、という逆説的な哲学である。したがって、絶対に戦争があってはならないと考えている理性的な政治家も、「いざというときには戦争も辞さないぞ」ということを宣伝していなければならない。〔中略〕その宣伝が成功して、民衆が「戦争も必要だ」と信じはじめたとき、本心から非理性的な政治家が現れたらどうだろうか。

この「理性」は頼りない。「核爆発実験の再開に思う」は自問自答の形をとっている。「自問」の最後は「それでは、いったいどうしたらよいか？」である。対する朝永の「自答」は、次のようにある。

二つの対立している国のどちらが善であり、どちらが悪であるという問題のとりあげかたは、真の解決をもたらすものでなく、逆に偏極をもたらし、緊張を強めるばかりであること、したがって、すべての人がそれと別な次元で問題をとり上げる必要性を認識することではないかと思われる。そしてまた科学者としては、科学上の国際交流により、また国際協力により、まず科学者の間だけにでも、相互理解の空気を作りあげること。それは問題解決に対して非常にわずかな寄与でしかないかもしれないが、それをつみかさねる地道な努力も、長い間には効果をあらわすのではないだろうか。

（学習院大学名誉教授／物理学）

参考文献

〔1〕E・O・ローレンス、科学研究所所長への書簡、中根良平ほか編『仁科芳雄往復書簡集』補巻、みすず書房（二〇一一）、p. 605.
〔2〕「科研小サイクロトロン再建問題の経過」、『仁科芳雄往復書簡集』前掲〔1〕、pp. 605–609.
〔3〕朝永「原子核研究所の設立と菊池先生」、『開かれた研究所と指導者たち』朝永振一郎著作集6、みすず書房（一九八二）。引用はpp. 311–312より。
〔4〕朝永「プリンストンの高級研究所」「共同利用研究所設立の精神」、『開かれた研究所と指導者たち』前掲〔3〕。
〔5〕「原子核研究所の設立と反射望遠鏡の設置について、学術会議会長から内閣総理大臣あて」日本学術会議編『日本学術会議25年史』（一九七四）、pp. 44–46. 予算も書いてある。
〔6〕朝永「原子核研究所の設立と菊池先生」、『開かれた研究所と指導者たち』前掲〔3〕、pp. 319–324.
〔7〕日本学術会議、前掲〔5〕、pp. 53–54, pp. 56–57.
〔8〕朝永「原子核研究所のめざすもの」「原子核研究所と科学者の態度」、『開かれた研究所と指導者たち』前掲

〔3〕、pp. 283–301.

〔9〕A. Brown, *Keeper of the Nuclear Conscience: The Life and Work of Joseph Rotblat*, Oxford (2012), 引用は p. 215 より。

〔10〕以下の記述はインターネットに助けられた。

〔11〕A. Brown, 前掲〔9〕、pp. 231–253.

〔12〕A. Brown, 前掲〔9〕、pp. 251–252.

〔13〕「原子力研究に関する提案」、日本学術会議、前掲〔5〕、p. 35.

〔14〕「総会における討論」、日本学術会議、前掲〔5〕、p. 36.

〔15〕中曽根康弘『天地有情』、文藝春秋（一九九六）、pp. 166–172.「原子力問題」、日本学術会議、前掲〔5〕、p. 53.

〔16〕「原子力に関する基本法の制定」「原子力の研究と利用に関し公開、民主、自主の原則を要求する声明」、日本学術会議、前掲〔5〕、pp. 55–56, pp. 68–69.

〔17〕「動力協定をめぐる諸討論」、日本学術会議、前掲〔5〕、p. 57.

〔18〕有馬哲夫『原発・正力・ＣＩＡ』、新潮新書（二〇〇八）、pp. 146–147.

〔19〕有馬哲夫、前掲〔18〕、p. 185.

〔20〕有馬哲夫、前掲〔18〕、pp. 159–235;「発電用原子炉の輸入」「原子炉の安全性」、日本学術会議、前掲〔5〕、pp. 79–82, pp. 91–93.

〔21〕坂田昌一『科学者と社会』、岩波書店（一九七二）第二四、二五章。

〔22〕有馬哲夫、前掲〔18〕、pp. 214–217.

〔23〕坂田昌一、前掲〔21〕、pp. 337–338.

〔24〕朝永「核爆発実験の再開に思う」、『科学者の社会的責任』朝永振一郎著作集5、みすず書房（一九八二）。引用は p. 78, pp. 82–83 より。

関連年譜

一九四五年

七月　米国、ニューメキシコで核爆発実験に成功
八月　広島・長崎に原爆投下
一〇月　国際連合、成立
一一月　GHQ、理研・京大・阪大のサイクロトロンを破壊、海中に投棄
　　米英加三国首脳、原子力平和利用・国際管理を提唱

一九四六年

一月　民主主義科学者協会創立
　　国連第一回総会、一一ヶ国による国連原子力委員会設置決議案を可決
六月　米国、国連原子力委第一回会議で原子力の国際管理機構設置を提案（バルーク案）
　　ソ連、原子力兵器禁止条約案（グロムイコ案）を提出
一二月　国連総会、軍縮憲章を可決

一九四七年

五月　日本国憲法施行

一九四八年

三月　理研、株式会社科学研究所として新発足。社長は仁科芳雄
九月　朝永振一郎・木庭二郎ら、量子電磁力学におけるくりこみ理論を発表
一二月　安倍能成・仁科芳雄・大内兵衛ら平和問題談話会をはじめる

一九四九年

一月　日本学術会議、第一回総会。亀山直人会長、仁科芳雄・我妻栄副会長を選出
四月　学術会議に原子核研究連絡委員会を設置。委員長は仁科芳雄
七月　下山事件
八月　朝永振一郎、プリンストンの高等研究所へ
　　ソ連の原爆実験、22 kt
九月　仁科芳雄、国際学術連合会議に日本学術会議代表として参加
一一月　湯川秀樹にノーベル物理学賞

一九五〇年

一月　マッカーサー、日本国憲法は自衛の権利を否定せずと声明

二月　平和問題談話会、全面講和を主張

四月　トルーマン、米原子力委に水爆製造を命令

六月　米国でマッカーシー旋風はじまる

　　　学術会議、第六回総会。戦争を目的とする科学研究には従事せずと声明

　　　マッカーサー、吉田茂首相に共産党中央委員二四名の公職追放を指令

七月　朝鮮戦争はじまる

　　　マッカーサー、警察予備隊の創設と海上保安庁の拡充を指令

一二月　長岡半太郎死去（八五歳）

一九五一年

一月　仁科芳雄死去（六〇歳）

四月　マッカーサー離日

一九五二年

三月　吉田首相、自衛のための戦力は違憲ではないと答弁、四日後に撤回

四月　対日平和条約、日米安全保障条約発効

六月　学術会議、核研連を原子核特別委員会に改組。委員長は朝永振一郎

七月　京大に湯川記念館設置。（翌年八月には基礎物理学研究所を共同利用研として設置）

八月　『アサヒグラフ』原爆被害写真を初公開、五二万部が即日売り切れ、増刷

一〇月　学術会議第一三回総会で茅誠司・伏見康治が原子力研究の検討を政府に促すことの可否を問い、否決される

　　　英、核実験

一一月　米、水爆実験

一九五三年

五月　学術会議、四月の総会決議により総理大臣に原子核研究所（核研）設立を申し入れ。大きな施設をもつこと、共同利用研究所とすることなど五条件を示す

七月　原子核特別委員会、核研は東京大学附置の共同利用研究所と決定。核研の敷地を東京都田無町（東大農場）に決定、地元民は反対

　　　朝鮮戦争休戦協定調印

八月　ソ連、水爆実験に成功、四〇〇kt

九月　国際理論物理学会議で、核研を東大附置の共同利用研究所としては学術会議の示した五条件（五三年五月）が保証されない

との議論がおこり、原子核特別委員会に再検討を要望

一〇月　核研の設立は学術会議の五月勧告に沿って進める旨、文部省が学術会議第四部長に通知

一二月　核研を共同利用研として東大附置とする条件について、東大と原子核特別委員会が合意

米大統領アイゼンハワー、国連総会でAtoms for Peace 演説

一九五四年

三月　米、ビキニ環礁で水爆実験。第五福竜丸の乗員二三名が被曝

原子核特別委員会、原子力研究の平和・公開・民主の三原則を採択

四月　衆参両院、「原子力国際管理並びに原子力兵器禁止に関する決議」を可決

初の原子力予算二・三五億円を含む一九五四年度予算が成立

学術会議、第一七回総会。原子力研究三原則（公開・民主・自主）を声明

米原子力委員会特別委員会、オッペンハイマーを「危険人物」と認定

五月　閣議、原子力利用準備調査会の設置を決定。委員は石川一郎、茅誠司、藤岡由夫ら

六月　ソ連で原子力発電所運転はじまる

七月　防衛庁設置法、自衛隊法施行

一九五五年

一月　ビキニ環礁における日本漁船の被災に関し、米国の国際法上の責任は不問のまま、米政府は見舞金二〇〇万ドルの支払を決定

米大使、日本政府に濃縮ウラン貸与を申し入れ。政府はこれを公表せず、朝日新聞が四月一四日に報道。政府は五月に受け入れを決定

世界平和評議会、核戦争準備に反対の訴え（ウィーン・アピール）

三月　英首相チャーチルは水爆製造計画を、仏首相フォールは原爆製造計画を発表

四月　ソ連、原子炉を中国、ポーランド、チェコ、ルーマニア、東独に供与する協定に調印

アインシュタイン死去（七六歳）

六月　学術会議、日米原子力協定（動力協定）交渉に関する要望書を外務大臣に提出

七月　東京大学原子核研究所設立。所長は菊池正士

	ラッセル・アインシュタイン宣言、核戦争の危険を警告
九月	通産省、米国から有償貸与される小型実験用原子炉を沸騰水型に決定（JRR－1、2、3）
一一月	財団法人原子力研究所設立。理事長は石川一郎（一九五六年六月に特殊法人となる）
	世界平和アピール七人委員会発足。湯川秀樹、茅誠司、植村環、下中弥三郎ら
一二月	原子力平和利用博覧会
	日米原子力研究協定発効。米国より濃縮ウランを賃貸
	原子力三法（原子力基本法など）公布

一九五六年

一月	原子力委員会第一回会合。委員長は正力松太郎、委員は石川一郎、湯川秀樹、藤岡由夫ら
二月	衆参両院、原水爆実験禁止要望決議を可決
五月	科学技術庁設置。長官は正力松太郎
	米、ビキニ環礁で初めて爆撃機からの水爆投下実験
七月	朝永、東京教育大の学長に就任
	英でコールダーホール型の第一号原子炉が商業運転に入る
	英C・ヒントン来日講演。コールダーホール型は試験済みの原子炉として世界唯一、コストは〇・六ペンス／kWhと主張
六月	米M・フォックス、〇・六ペンス／kWhに異議。一九六一年に米国が得るデータを参照するよう主張
	財団法人原子力研究所を特殊法人日本原子力研究所に改組。理事長は安川大五郎
九月	米・原子力委員会の委員長L・ストローズが訪米中の原子力政策調査議員団に、一部の型の非軍事目的の原子炉は秘密条項をつけずに日本に渡すと表明
一一月	正力原子力委員会委員長がコールダーホール型原子炉輸入の意向を表明

一九五七年

二月	第一回核融合懇談会。会長は湯川秀樹
四月	西独の物理学者一八人によるゲッチンゲン宣言。核兵器の製造・実験への参加を拒否
五月	朝永、訪中。日本物理学会代表団長として各地で講演と視察を行なう

七月　英、クリスマス島で水爆実験
　　　第一回パグウォッシュ会議、湯川秀樹・朝永振一郎・小川岩雄出席
八月　日本原子力研究所の東海研究所で沸騰水型原子炉ＪＲＲ－１が臨界に達する。一一月に全出力運転開始
一〇月　学術会議、パグウォッシュ声明を支持
　　　学術会議素粒子論グループ（坂田昌一ら）、安全性の見地から、日英動力協定を急ぐなと原子力委員会に申し入れ
　　　原子力委員会、コールダーホール型原子炉は耐震性に問題ありと発表。耐震性をめぐる議論さかん
　　　ソ連、人工衛星スプートニク一号の打ち上げに成功
　　　英、ウィンズケールの原子炉で事故。炉内の黒鉛の温度が上がり燃料棒が融けて放射性物質が飛散
一二月　英、動力協定交渉の中で「免責条項」を協定に入れるよう要求。（日本はのち一九六一年に「原子力損害賠償法」を制定）

一九五八年

四月　学術会議、科学技術会議設置に反対の決議
六月　ソ連、中国に実験用原子炉を供与、運転開始
　　　日本、米・英との原子力一般協定に調印
八月　米英、条件付きで一〇月三一日以降一年間の核実験を停止、続いてソ連も参加
九月　第三回パグウォッシュ会議（オーストリア）。坂田昌一・三宅泰雄・小川岩雄が出席
　　　株式会社科学研究所が特殊法人理化学研究所に改組

一九五九年

一月　原子力研究所、国産一号原子炉を起工
二月　新設の科学技術会議で、朝永が専門委員に就任
四月　学術会議・長期研究計画調査委、「基礎科学白書」を発表。研究費の不足、研究設備の老朽化を憂う
八月　原子力委員会、コールダーホール型原子炉の安全性につき公聴会を開催
一二月　政府、日本原子力発電株式会社に英コールダーホール改良型原子炉の設置を許可。
　　　同社は英ＧＥ社と原子力発電設備購入契約を締結

一九六〇年

一月　東海発電所にコールダーホール（改良型）原子炉設置工事はじまる（完成までに六年）
二月　仏、サハラ砂漠で第一回核実験に成功
四月　朝永、東京教育大学長に再選される

一九六一年

一月　アイゼンハワー、産軍相互依存体制の脅威を指摘
　　　米、アイダホフォールズの軍用試験炉の暴走事故（運転員が誤って制御棒を引き抜いたため）
四月　原子燃料公社、国産ウラン原鉱石から二〇〇kgの金属ウラン精錬に成功
　　　ソ連の有人宇宙船地球一周に成功
八月　ソ連、核実験再開を発表
九月　米ソ、全面完全軍縮の目標合意（マクロイ・ゾーリン協定）
一〇月　朝永、ソルヴェイ会議（ベルギー、ブリュッセル）に出席
　　　ソ連による史上最大の水爆実験、五〇Mt
一一月　国連総会、核兵器使用禁止宣言を可決
一二月　東大原子核研究所に七・五億eVの電子シンクロトロンが完成。後に一三億eVに

一九六二年

三月　米、初の有人衛星の打ち上げに成功
五月　第一回科学者京都会議、パグウォッシュ精神に立つ核禁協定の締結が急務と声明
九月　原子力研究所の国産一号原子炉が臨界に達する

一九六三年

一月　ライシャワー米大使が大平正芳外相に原子力潜水艦の日本寄港承認を申し入れ、このため政府と学術会議の間に大きな論争
　　　朝永、学術会議会長に就任（一九六九年一月まで）
一〇月　米英ソ三国、部分的核実験停止条約発効（地下核実験は除外）

一九六四年

一月　パグウォッシュ会議、中国（一九六〇年の会議から欠席）の参加を促す
六月　関西研究用原子炉（京大）が臨界に達する
八月　原子力委員会、米国の原子力潜水艦の寄港に安全上の問題なしとの見解を発表。学術会議は自立性と科学性を欠くと批判
一〇月　東海道新幹線開業

中国、第一回核実験に成功

一九六五年

三月　ソ連宇宙船で初の宇宙遊泳に成功
八月　朝永、学術機関等の視察のため訪ソ（八月三〇日―一〇月三日）
一〇月　朝永、ノーベル物理学賞受賞（シュヴィンガー、ファインマンとともに）
一一月　日本原子力発電株式会社、初の営業用発電に成功（二〇〇〇kW）。翌年に本格稼働（一二・五万kW）

一九六六年

五月　中国、第三回核実験に成功、一〇月には誘導ミサイルによる核実験にも

一九六七年

六月　中国、初の水爆実験に成功
九月　文部省、学術奨励審議会を廃止し、学術審議会を設置。会長は茅誠司
一一月　米軍に押収中の原爆記録映画「広島・長崎における原子爆弾の影響」が返還され、翌年四月にNHKで公開
一二月　学術審議会、素粒子研究所設立（総工費三〇〇億円）に関する答申まとまらず

一九六八年

四月　米、ネヴァダ州で最大規模地下核実験、一二月にも
六月　国連総会、核拡散防止条約を可決。七月に六二ヶ国が調印。日本は一九七〇年二月に調印
七月　日米原子力協定公布
八月　仏、初の水爆実験。九月に第二回

一九六九年

一月　米原子力空母エンタープライズ、ホノルル沖で爆発事故
二月　世界平和アピール七人委員会（湯川秀樹ら）、沖縄全面返還を訴える声明
三月　理研・住友電工、ガス拡散法によるウラン濃縮に成功
七月　米の宇宙船、月面着陸。乗員二名が初めて月に降り立つ
九月　中国、第一回地下核実験。空中で水爆実験
一一月　核拡散防止条約に六二ヶ国が調印、一九七〇年三月に発効。二〇〇八年十二月現在、加盟国は一九〇。朝鮮民主主義人民共和国は一九九三年に脱退。インド、パキスタン、イスラエルは未加盟

一九七〇年
二月　東大宇宙航空研究所、初の人工衛星打ち上げに成功
四月　中国、初の人工衛星打ち上げに成功
一〇月　中・ソ・米が同日に核実験

一九七一年
三月　高エネルギー物理学研究所、筑波学園都市への設置が決定
六月　ソ連宇宙船の三飛行士、宇宙からの帰還途中に空気漏れで窒息死
　　　沖縄返還協定に調印
九月　米ソ、偶発的核戦争防止協定、ホットライン改善協定に調印、発効
　　　東大宇宙航空研究所、日本初の科学衛星を打ち上げ
一一月　米、五Mtの地下核実験

一九七二年
五月　米ソ、第一次戦略兵器制限交渉（SALT－I）で妥結
　　　米ソ、弾道弾迎撃ミサイル制限（ABM）条約を締結（米は二〇〇二年六月に脱退）
九月　日中国交正常化

一九七三年
二月　小林誠・益川敏英、クォークの種類の数と時間反転不変性の関係を発表
一〇月　江崎玲於奈、ノーベル物理学賞受賞

一九七四年
五月　インド、最初の核実験に成功
七月　米ソ首脳、地下核実験制限条約に調印

一九七五年
七月　D・ホジキン、パグウォッシュ会議議長に就任（以後一三年間）

一九七八年
一月　ソ連の原子炉軍事衛星がカナダに墜落。放射線を放つ破片を発見
三月　動燃事業団の転換炉（ふげん）が臨界に達し、七月に送電開始（同年二月より一六万五〇〇〇kW）
五月　初の国連軍縮特別総会

一九七九年
二月　東大宇宙航空研究所、X線観測衛星を打ち上げ
三月　米、スリーマイル島原子力発電所事故
六月　米ソ、第二次戦略兵器制限交渉で妥結
七月　朝永振一郎死去（七三歳）

九月　動燃事業団の人形峠ウラン濃縮試験工場第一期工事完成、運転開始
一二月　アフガニスタンにソ連軍が介入し反政府ゲリラと激戦

一九八一年

米議会、ソ連のアフガン侵攻を理由に第二次戦略兵器制限条約の調印を拒否（一九八五年に期限切れ）
一月　*Bulletin of the Atomic Scientists* 誌「世界終末時計の針を破局七分前から四分前に」

一九八三年

三月　米大統領R・レーガン、ABM条約への挑戦となる戦略防衛構想（SDI）を打ち出す
五月　パグウォッシュ会議でソ連のニコライ・チェルノフがSDIを批判、米ソともに最初の一撃に対する恐怖高まる

一九八五年

三月　M・ゴルバチョフ、ソ連共産党書記長となりペレストロイカ（改革）を掲げる
一一月　レーガン、ゴルバチョフと会談。

一九八六年

一月　ゴルバチョフ、レーガンへの書簡で全核兵器廃棄の三段階計画を示す。レーガンはSDIにこだわる
四月　ソ連でチェルノブイリ原子力発電所事故。ゴルバチョフは反原子力感情を強める
一〇月　レーガンとゴルバチョフ、レイキャビクで頂上会談。レーガンはSDIにこだわり会談は物別れに
一二月　A・サハロフ、追放先のゴーリキーからモスクワに帰る。SDIを軍縮への障害と見る考えを否定

一九八七年

二月　モスクワで国際軍縮会議
一二月　ゴルバチョフとレーガン、中距離核ミサイル禁止条約に調印。一九九八年六月に発効

一九八八年

九月　J・ロートブラット、パグウォッシュ会議議長に就任
一二月　ゴルバチョフ、国連で歴史的演説（一方的軍縮を宣言）。この後、米国のブッシュ政権、通常兵器制限条約（CFE）への交渉に入る

一九八九年

一月　G・H・W・ブッシュ米大統領就任（一九九三年一月まで）

二月　ソ連軍、アフガニスタンから撤退。ゴルバチョフ、五月に五〇〇個の核弾頭をヨーロッパから撤去すると宣言

五月　ゴルバチョフ訪中。中ソ対立に終止符

一一月　ベルリンの壁崩壊。米のブッシュ、冷戦の終結を認識

一二月　ブッシュとゴルバチョフ、マルタ会談。戦略兵器削減条約締結の間際まで交渉進む

一九九〇年

三月　ゴルバチョフ、ソ連に複数政党制と大統領制を導入、人民代議員大会でソ連大統領に選出される

一一月　ヨーロッパにおける通常兵器制限条約（CFE）。インド、米国とNATOおよびWTO加盟の二一ヶ国が調印

一九九一年

六月　B・エリツィン、最初の選挙によるロシア共和国大統領に選出される。ゴルバチョフ推薦の候補は敗れる

七月　ゴルバチョフとブッシュ、第一次戦略兵器削減条約（START－I）に調印（批准はソ連崩壊により遅れ、一九九四年）

八月　ソ連でゴルバチョフと対立する守旧派によるクーデタが起こるが、エリツィン・市民・軍部の抵抗に遭い失敗

九月　パグウォッシュ会議、中国で開催。ゴルバチョフ、「ラッセル・アインシュタイン精神は世界政治の基礎」と表明

G・H・W・ブッシュ、大規模核軍縮を宣言、続いて一〇月にゴルバチョフも

一二月　エリツィンがロシア共和国のソ連邦からの脱退を進めたためソ連は崩壊。ゴルバチョフは大統領を辞任。ロシア連邦が成立

一九九二年

九月　パグウォッシュ会議。エリツィン、「超大国の対立は終わった。次は地域間・民族間の問題」と表明

一二月　ロートブラット、H・A・ベーテとともにアインシュタイン平和賞を受賞

一九九五年

一〇月　ロートブラットとパグウォッシュ・グループがノーベル平和賞受賞

一九九七年

七月　米、最初の未臨界核実験

一九九八年
五月　インド、熱核反応装置実験に成功
パキスタン、初の原爆実験

一九九九年
七月　M・アティアー、パグウォッシュ会議議長に就任

二〇〇〇年
九月　ロシア、未臨界核実験（一五回目）

二〇〇一年
一月　G・W・ブッシュ米大統領就任（二〇〇九年一月まで）

二〇〇二年
一二月　宇宙航空研究開発機構（JAXA）法制定。宇宙科学・技術の研究・人工衛星の打ち上げ等を平和の目的に限り行うと定めた。

二〇〇五年
八月　J・ロートブラット死去（九六歳）

二〇〇六年
八月　米、未臨界核実験（二三回目）
一〇月　朝鮮民主主義人民共和国、最初の核実験

二〇〇八年
五月　宇宙基本法の制定。第二条に宇宙開発利用は日本国憲法の平和主義に則り行うと定め、第三条では国際社会の平和、我が国の安全保障に資するよう行うとした。

二〇〇九年
五月　朝鮮民主主義人民共和国、二回目の核実験

二〇一一年
三月　東京電力福島第一原子力発電所事故
一二月　米、新式（地下実験場を使わずX線を使う手法）の未臨界核実験。二〇一二年三月にも

二〇一二年
六月　原子力規制委員会法成立。その附則に原子力基本法の改定を書きこみ、基本法の「安全性の確保」に注釈し、国際的な基準を踏まえ、国民の生命・健康・財産の保護、環境の保全並びに我が国の安全保障に資するよう行うとした。宇宙基本法と同じ「安全保障」の登場！
七月　JAXA法を改定し「平和の目的に限り」を削除、宇宙基本法第二条の平和的利用に関する基本理念に則るとした。宇宙基本法の第一四条には、我が国の安全保障のため必要な措置を講ずるとある。

典拠一覧

■収録の11編のテキストは、以下に示した「朝永振一郎著作集」（全12巻・別巻3、みすず書房、1981-1985。以下「著作集」と略記）に所収の版にもとづいている。但し、本書の構成に合わせて一部を改題、あるいは本書中での表記統一のための改訂をしている箇所がある。
■各編の初出文献については、I、II部では各編の末尾に記載し、III部では各編の冒頭のページに記載した。

暗い日の感想
　著作集1『鳥獣戯画』、p. 88-99
人類と科学――畏怖と欲求の歴史
　「人類と科学」著作集4『科学と人間』、pp. 70-92
物質科学にひそむ原罪
　著作集4『科学と人間』、pp. 103-119
科学と現代社会――問題提起
　「科学と現代社会（問題提起）」著作集4『科学と人間』、pp. 177-192
科学と技術がもたらしたもの――原子力の発見
　「科学と技術がもたらしたもの」著作集9『マクロの世界からミクロの世界へ』、pp. 170-190
新たなモラルの創造に向けて――科学と人類
　「科学と人類」著作集5『科学者の社会的責任』、pp. 280-285
パグウォッシュ会議の歴史
　著作集5『科学者の社会的責任』、pp. 147-189
核抑止を超えて（湯川・朝永宣言）
　著作集5『科学者の社会的責任』、pp. 353-355
座談　日本の原子力研究をどう進めるか
　著作集 別巻1『学問をする姿勢』、pp. 268-294
座談　日本の原子力研究はどこまできたか
　著作集 別巻1『学問をする姿勢』、pp. 295-321
座談　科学技術振興と科学の役割
　著作集4『科学と人間』、pp. 237-251

著者略歴

（ともなが・しんいちろう　1906-1979）

1906年，東京に生まれる．京都帝国大学理学部卒業後，理化学研究所研究員を経て，東京文理科大学教授，東京教育大学教授，同大学学長を歴任．「超多時間理論」「くりこみ理論」などの世界的業績を遺した．1965年度ノーベル物理学賞受賞．『量子力学　I・II』（1952，みすず書房）をはじめとする明晰かつ独創的な教科書や解説，あるいは『鏡の中の物理学』（1976，講談社学術文庫），『物理学とは何だろうか　上・下』（1979，岩波新書）などの優れた科学啓蒙書の著者としても知られる．著書はほかに，『科学と科学者』（1968），『物理学読本』（編著，1969），*Scientific Papers of TOMONAGA*（全2巻，1971-76），『庭にくる鳥』（1975），『角運動量とスピン』（1989，以上みすず書房）など多数．訳書にディラック『量子力学』（原書第4版）（共訳，1968，岩波書店）などがある．学術論文以外の著作を集成した「朝永振一郎著作集」（みすず書房）が刊行されている．

編者略歴

江沢洋〈えざわ・ひろし〉1932年，東京に生まれる．1960年東京大学大学院数物系研究科修了．東京大学理学部助手．1963年米・独に留学．1967年帰国．学習院大学助教授，1970年教授，2003年名誉教授．理学博士．専攻 理論物理，確率過程論．著書『だれが原子をみたか』（1976，岩波書店），『波動力学形成史』（1982，みすず書房），『現代物理学』（1996，朝倉書店），『量子力学 1・2』（2002，裳華房）．共著『量子力学 I・II』（湯川秀樹・豊田利幸編，1978，岩波講座・現代物理学の基礎）．編書『仁科芳雄』（玉木英彦と共編，1991，みすず書房），『量子力学と私』（朝永振一郎著，1997，岩波文庫）．『仁科芳雄往復書簡集』（全3巻・補巻，中根良平らと共編，2007，2011，みすず書房），ほか．

《始まりの本》

朝永振一郎

プロメテウスの火

江沢洋 編

2012 年 6 月 20 日　第 1 刷発行
2012 年 8 月 17 日　第 2 刷発行

発行所 株式会社 みすず書房
〒113-0033 東京都文京区本郷 5 丁目 32-21
電話 03-3814-0131（営業） 03-3815-9181（編集）
http://www.msz.co.jp

本文組版 キャップス
本文印刷所 三陽社
扉・表紙・カバー印刷所 方英社
製本所 青木製本所

ISBN 978-4-622-08354-2
［プロメテウスのひ］